U0336170

一茶一饭，斑驳光影，吃喝从来不简单

日本

万景路 著

味道

中央党校出版集团◎大有书局

图书在版编目（CIP）数据

日本味道 / 万景路著 . -- 北京：大有书局，
2020.11
　ISBN 978-7-80772-019-5

　Ⅰ . ①日…　Ⅱ . ①万…　Ⅲ . ①饮食－文化－日本
Ⅳ . ① TS971.203.13

中国版本图书馆 CIP 数据核字（2020）第 209314 号

书　　　名　日本味道
　　　　　　RIBEN WEIDAO
作　　　者　万景路　著

责任编辑　叶敏娟
出版发行　大有书局
　　　　　　（北京市海淀区长春桥路 6 号　　100089）
综 合 办　（010）68929273
发 行 部　（010）68922366
经　　销　新华书店
印　　刷　中煤（北京）印务有限公司
版　　次　2020 年 11 月北京第 1 版
印　　次　2020 年 11 月北京第 1 次印刷
开　　本　145 毫米 ×210 毫米　1/32
印　　张　6.875
字　　数　102 千字
定　　价　45.00 元

本书如有印装问题，可联系调换，联系电话：（010）68929022

烤和牛

木棉豆腐

饭团

纳豆

鲷鱼刺身

寿司

箱根仙石
温泉旅館
TEL 0460~8

海虾前菜拼盘

海胆前菜拼盘

马肉

会食海鲜前菜拼盘

カルビ
kalbi

中落ちカルビ
nakaochi-kalbi

ヘッドバラ
head-bara

烤肉拼盘

生食生蚝

序　吃喝从来不简单

国人爱吃，举世闻名。中餐博大精深，其菜系构成之复杂，南北差异之大，食材范围之广，烹饪技法之成熟，也是世所罕俦。远的姑且不论，仅就战后的西方社会而言，已不知掀起过多少轮"中餐热"了。但在过去二十年中，中餐的风头落了不少，大有被日料给盖过去的态势。且不说北上广深高级商业街上的寿司、割烹、怀石等日料店有多排场，前两年，我去横滨，阔别近三十年重游了中华街，那曾几何时灯红酒绿、富丽堂皇的街景，仿佛暗淡了许多，行人寥寥，已不复过去的"高大上"。

中餐与日料风头逆转，刚好在中日大国地位易手前后，颇耐人寻味。这个事实再次告诉人们，餐食是文化，充其量属于"软实力"，与国力之强弱并没有直接的联系。前几年在中国热播的纪录片《舌尖上的中国》，所表现的其实也并不是现在中国人的餐桌。与中餐相比，日料看上去要简单得多，不用说煎、炒、烹、炸的工序省了不少，食材好像也就那几样，有些鱼虾贝类，从水槽里捞出来，在清水中一过，放在砧板上，厨师三下五除二地"料理"两下，就盛在盘中直接上桌了。这在中国人看来，简直是"偷工减料"，是可忍孰不可忍。

然而，这正是中餐与日料的分野之所在：前者崇尚贵重的食材，深加工，而后者则爱用"旬鲜"食材，浅加工，甚至不经加工，便直接食用。其中，鱼刺身是国人知晓且能接受的吃法，可除此之外，还有牛刺身、马刺身、鸡刺身，连鸡蛋都吃生的。这就令国人感到困惑了：既生食，何谈"料理"？《辞海》对"烹"的释义是煮，在中国人的观念中，烹必动火："烹本作亨，《易·鼎》曰：'以木巽火，亨（烹）饪也。'"如此说来，一个生食，一个过火，两国食文化的差异，诚可谓大矣。当然，日餐中需过火的料理也并不少，此乃后话。

中餐讲究色、香、味俱全，色排在前，而日料作为"没有中心的菜肴"（罗兰·巴特语），也有对四季变换的响应，遑论那动辄几十种形状各异、或绮丽或侘寂的杯盏盘碟。所以，大快朵颐既是感官享乐，严格说来，也是审美活动——吃喝从来不简单。尽管巴尔扎克尝言，"一个民族烹饪文化越发达，那个民族便越堕落"，可从没妨碍他对着法式大餐"批判现实主义"。中十从来不缺写吃的文人，从杜甫、苏轼、陆放翁，到梁实秋、汪曾祺、林文月，代有文才，但相形之下，日本作家文艺家中，爱吃懂吃写吃的人似乎更多。远的不提，近代以降，从夏目漱石、森鸥外、荷风，到芥川龙之介、大谷崎、川端康成，从远藤周作、江户川乱步，到小林秀雄、武田泰淳，从北大路鲁山人到小津安二郎……真可以挦着一部日本文艺史，列出一纸密密麻麻的名单来。电视台常常播出文人老饕的电视片，给人的感觉是作家不爱吃，便无足观，漱石吃了一包糖包花生而死，荷风的最后一餐是猪排饭，林芙美子死于蒲烧鳗……三岛由纪夫看上去比较高冷，著作等身却几乎不写与料理有关的小说，尽管后来因健身需要，常吃牛扒，但他曾对好友林房雄坦言自己味觉迟钝。可作为战后声名显赫，曾被认为是离诺贝尔文学奖最近的作家，三岛的排场还能少么？就在自决的前一天（1970年11月24日），他还率私家武装"楯之会"的四名成员，在新桥的名店"末源"吃了顿鸡肉火锅。不过，作家岚山光三郎酷评道，三岛是"名店通而非料理通"。但他同时也认为："如果三岛没有自杀，应当有能力写得出超越谷崎润一郎的料理小说。"

我个人也喜欢日料，按说也没少饕餮，但仅止于吃喝，浅尝辄止，不求甚解。我并不信奉"君子远庖厨"，但的确是不会做饭，不懂烹饪，在食文化这一块，怕是不会有出息了。可唯其如此，我真心羡慕那些美食家兼美食评论家的通人。这类分子，在东瀛的华语文学圈一向不少，万爷算是其中一号。日料老饕并不新鲜，但能在饕餮的同时，把日料的那些事儿给梳理得如此清晰，从鱼虾蟹到鸡牛马，从米面盐到日本酒，直到餐桌上的筷子、牙签的来历及与此相关的中日比较，硬是从中捋出一部日料史来，这就令人佩服。人生百年，饮食男女，没有比吃喝更日常的事了。而在摆着一茶一饭的炬燧上，居然影影绰绰地投下了文化论的斑驳光影，那就不是一碗普通的茶泡饭了。也正是在这个意义上，我说吃喝确实不简单。

　　——不写料理的作家，不是好裁缝。写不好的作家，也不是。

刘　柠

2020 年 10 月 9 日

于北京望京西园

自序　老饕吃经

恍惚间，旅日已三十载有余。若问收获几何，就是对日本的了解、理解，随着岁月交替，不时地感觉到又稍有些许进步而已。

了解、理解多了，值此举国上下的日本热持续不衰之时，不免也就想把自己眼中看到的和体味到的日本，描述出来介绍给读者诸君。有此意，也于前几年结了两本集子推出，接受了广大读者之考验。幸未"烤煳"，再接再厉，也就有了这本随笔，可以说是我近几年来研究日本饮食文化的一点结晶吧。

这本集子由"美味鱼虾蟹""料理鸡牛马""菜蔬也精彩""米面盐的学问""清酒那些事儿""说说日本料理文化"六个小单元组成。看各单元标题，就给人一种吃货开说的感觉。没错，这本集子就是说日本饮食的，不过，却是我集三十年"吃日"经验而码出的日本料理经验谈、体会谈，也可以说是我亲口品出来的一部"老饕吃经"。在这部集子里，通过对日本饮食文化碎片式的整理、叙述、描写、论述，我试图在那一道道造型精美的犹如风景画般的日料中、在杯光斛影的日本酒文化里，以及中日饮食文化的对比中，展现出日本饮食真正的与众不同之处，揭秘日本料理广受世人追捧的奥秘。更重要的是，基于日本多年来稳居世界第一长寿大国之不动地位，我还通过对日本料理的营养搭配、日本人的饮食习惯等的分析介绍，为欲了解日本饮食对人类健康、长寿影响的读者诸君提供第一手的材料，以让人们真正认识到日本料理的有益之处。

本书还一如我过去之文风，力求融知识性与趣味性于字里行间。当然，知识性和趣味性也是我向来行文之着重之处，因为我一直认为，知识性和趣味性这二者在随笔作品中是缺一不可的，犹如焦不离孟，缺了谁都会使《杨家将》逊色不少。正所谓饮吟酿焉可无刺身，品秋刀鱼岂能无生啤？同理尔。当然，知识性和趣味性只是一种写作特色，不过，我也一直以为，融合了知识性、趣味性的不是随便写出来的随笔，才算是好的随笔，也才能给读者诸君带来珍珠落玉盘般的感官享受，这也是我一直坚持的写作方向。这本写吃喝的随笔集如能为喜欢日本的读者带来那么一丝精神愉悦抑或物理帮助，则殊为幸甚！

目 录

一、美味鱼虾蟹

香鱼生于日本则为鲇 / 003

鲭鱼是颇有文化的鱼 / 006

鲍鱼的"单相思" / 010

松叶蟹是日本海冬季的风物诗 / 013

竹荚鱼的味儿 / 016

欲罢不能的樱海老 / 020

鲸鱼料理与捕鲸 / 022

金枪鱼今昔不同 / 026

日本刺身料理都有哪些 / 030

鱼食文化 / 033

秋刀鱼逸话 / 036

二、料理鸡牛马

岛国小笨鸡 / 047

立吞烧鸟 / 049

吃蛋变迁史 / 053

御田是怎样修炼成关东煮的 / 056

马刺刺身当之无愧 / 059

鞑靼肉与汉堡牛排 / 062

和牛的往世今生 / 069

三、菜蔬也精彩

大根、大根 / 083

大学地瓜 / 089

日本山葵好在哪儿 / 092

日本豆腐不是日本豆腐 / 095

纳豆的由来及作用 / 098

味噌·味噌汤与健康 / 103

大年初一早上吃杂煮 / 107

四、米面盐的学问

把盒饭吃成文化 / 113

好吃的日本大米 / 116

日本饭团的由来 / 120

日本盐 / 124

撒豆驱鬼惠方卷 / 128

五、清酒那些事儿

日本酒二三事 / 135

酿酒与女人 / 139

夏酒 / 142

日本酒里的中国元素 / 145

六、说说日本料理文化

即席料理现炒现卖 / 151

怀石料理 / 155

锅料理 / 158

日本料理的"旨味"和"出汁" / 161

箸 / 169

日本牙签：从"杨枝"到"妻用事" / 174

发起于郑成功后人的日本咖啡 / 177

中国人和日本人的吃相 / 182

日本人口中的中华料理 / 187

一、美味鱼虾蟹

香鱼生于日本则为鲇

香鱼是一种体长身扁，头小嘴尖，身披细鳞，背部呈灰黑色，腹部银白，尾分叉，背鳍后生有一小脂鳍，最大可达30厘米左右的淡水鱼种。

据说香鱼原产于湖北王昭君的故乡，传说有一次王昭君到香溪河边洗衣服，一群小鱼感其天然体香，遂围游而来，其中一条小色鱼趁机钻入了她的裤筒里，又羞又恼的昭君捉住这条小鱼，拿回家烹煮后给病中的母亲吃。也许是病中没胃口吧，母亲说鱼不香，没啥滋味。昭君灵机一动就把自己的洗澡水当然也包括洗脚水倒进了香溪河里，结果，却意外地改变了香溪河小鱼的体质，小鱼儿们的背脊上长出一条满是香脂的腔道，散发出阵阵诱人的芳香，从此，百里香溪河就有了这种神奇的香鱼。有诗曰："碧溪喧美女，临水巧梳妆。欲共人儿较，翔鳞尾尾香。"清代诗人壬士稹写了首七绝《渔家》："楠溪江是钓人居，柳陌清溪一带疏，好是日斜风雨后，半江红树卖香鱼。"说的是楠溪香鱼上市，忙煞了那些来楠溪江的游客与邻近饮食店主人，他们都去争购活鲜鲜的香鱼，然后在花辰月夕，瓦屋纸窗下，以浓郁的村醪和一盘风味独特的清蒸香鱼"肯与邻翁相对饮，隔篱呼取尽余杯"。一派风雅尽在不言之中……

其实，香鱼属入海口洄游性鱼类，一般生息在与海相通的溪流之中，以黏附在岩石上的苔藓为食。因香鱼在深秋季节产卵，产卵后体质虚弱，大多死亡，可以说生命极为短暂，只有一年左右的时间，故香鱼又有"年鱼"之称。香鱼鱼肉细嫩多脂，味鲜且有香味，为上等食用鱼，适于香炸、鱼柳、清蒸等多种烹调方法，素有"淡水鱼之王"的美誉。香鱼又别称"八月香"、"油香鱼"、"留香鱼"等，由这些名称也足见了人们对香鱼的溺爱。

正如南橘北枳，香鱼也游到日本去了。那么，香鱼生于日本又怎样呢？在日本，岐阜县长良川的香鱼最有名，日本人称它为"鲇"，得名经纬虽没中国香鱼那么香艳，却多了一丝霸气。据说日本第十四代仲哀天皇的大名鼎鼎的神功皇后，曾在两军对垒中以"鲇"字占卜胜负，故而得名；因此鱼还具有"占领地盘"的本领。一般野生的香鱼，所占地盘约一平方米，加上活动的范围，两米至三米内都是它们的绝对领域。因此，古代日本人把"鱼"字旁加上"占领"的"占"组成"鲇"字，就有了霸气的

"鲇"的问世。"香鱼"与"鲇"的命名不同似又折射出两国民族性格的不同，"占"必须通过"战"而得，简单的"鲇"之一字竟透出日本民族的一股奢武的本性来。

闲言叙过，这"阿优"的日式料理倒硬是要得。不同于海鱼，香鱼属河海洄游鱼种，刺身会含寄生虫，所以，日本人很少吃"鲇"的刺身。虽也有鱼田、甘露煮、腌渍、杂炊等各种料理方法，但因其本身风味适宜盐烧，因此，盐烤"阿优"才是日本

盐烤香鱼

人的最爱，而夏季就是烤香鱼的最好时节，这时的香鱼无腥味，且带有淡淡的香气。烤制时无须剔除内脏，人们在河边把整条香鱼用竹签串起，然后放在炭火炉上以文火慢慢翻烤，直至烤成泛油的金黄色，再佐以生啤或清酒，看清溪潺潺而流，看白云悠悠飘过，那就是人生夫复何求了。一般日本人这时会来上一句："生在日本，真幸福啊（日本に生まれて良かったね）！"

鲭鱼是颇有文化的鱼

鲭鱼，是深海洄游性鱼类。这鱼别名、绰号很多，比如青花鱼、鲐鱼、油胴鱼、花池鱼、花巴、花鳀、鲐鲅鱼等。它是一种前端尖细，体型粗壮，整体呈纺锤形，尾柄结实得犹若野球棒子的鱼种。眼睛很大，而且位置高，有点像马眼，盐烤后的鲭鱼，翻着白眼瞪你，动筷就有些踌躇。

日语里鲭鱼的平假名写作"さば"，汉字写作"鯖"。至于为啥叫它"さば"，日本人说是因鲭鱼牙小而多，故以"さ"（小）

和"は"（齿）组合成"さば"，意为"小牙鱼"。傻傻的野球棒子般的鲭鱼长一口小牙，这样子就透出点"萌"和"卡哇伊"来。

别看鲭鱼长这模样，因其富含蛋白质、磷、铜、钙等，营养与药用价值都很高，可主治脾胃虚弱、消化不良、神经衰弱等症，而且还是孕妇、青少年及儿童滋补强身的营养佳品。至于料理方法，在我国也有很多，葱烧、清炖、香蒜、糖醋等。鲭鱼除供鲜食外，还可冷冻、腌制、熏制，加工成茄汁鱼罐头和五香鱼罐头等。由于体内脂肪多，肝脏维生素含量高，还可炼制人造白脱和鱼肝油。如此说来，鲭鱼差不多浑身上下都是宝。

日本人非常喜欢食用鲭鱼。说起鲭鱼料理，最常见的就是盐烤、味噌煮以及寿司，但因鲭鱼易腐，日本人基本不用它来做生鱼片，以喜欢生食的日本人之习性，鲭鱼做不了刺身实在心有不甘，于是就采取折中办法，弄出了一道"醋腌鲭鱼"来，具体做法是，把盐腌过的鲭鱼切厚片，下衬萝卜丝、绿叶菜等，摆盘成一道赏心悦目的疑似刺身，关西人蘸醋食用，关东人则以传统的酱油、绿芥末佐餐。除此之外，日本人也熏制或用番茄酱制成鲭鱼罐头。

鲭鱼与文化有关，这得从古时候说起，日本人说他们从绳文时代就开始吃鲭鱼了，真假不知。古时日本民间还有一种说法，秋天不能给新娘吃鲭鱼，缘由是秋季鲭鱼脂肪多肥，新娘吃了发胖，这个确是有谚语"秋鯖は嫁に喰わすな"（秋鲭不与嫁娘食）为证的。记得《樱桃小丸子》里有藏欧吉桑也有一首俳句说到鲭鱼，译成中文大意为"海胆的美味／怎会不心心念念／却只落得醋鲭伴"。鲭鱼入谚入俳，自然就披上了一层文化色彩。

鲭鱼易腐，渔获量又大，因此打鱼的和卖鱼的为了在腐烂前将其卖出，卖时是基本不查尾数或重量的，而只是大略估算一下，由此，又成就了一个"鯖を読む"（估摸）的俗语。日本人用这个俗语举一反三，在不想告诉对方真实年龄、身高和体重时，就说类似"鯖を読む"的话来应付一下。为了糊弄人而专门以鲭鱼创造一个俗语，这事儿干得似乎也颇有文化。

鲭鱼有一种保鲜方法叫"首折鲭"，具体做法是，在捕获鲭鱼后立即用手剜掉腮部，同时把头折断、放血。日式相扑受"首折鲭"启发，创出一着叫"鲭折"，力士用双臂紧紧抱住对手的腰部，将对手的膝盖猛朝地上摔，只是想象一下都觉得有点残忍，也亏了力士皮糙肉厚，不过由此，鲭鱼又和相扑文化"勾搭"上了。

德岛县有一个鲭大师本坊寺，供奉着手执鲭鱼的鲭大师，据说他曾发誓三年不吃鲭鱼以成就众生愿望，酒肉大和尚拎条活蹦乱跳的鲭鱼而忍三年不食，也确实不易。从此后，当地人坚信只要参拜鲭大师就能祛病避灾，子孙发达。这鲭鱼在这儿与佛教文化又挂上了钩。

不过，今人已是半信半疑，年轻人甚至根本不知道这些所谓的鲭文化，他们知道最多的就是这道在居酒屋、食堂、家里都能常常吃到的"鲭文化干し焼き"烤干鲭鱼，但这里的"鲭文化"当然不是说鲭鱼成精有文化，而是因1950年东京一家水产加工会社发明了用玻璃纸包装干鲭鱼，取代一直以来以纸箱、废报纸来捆包干鲭鱼的包装方式。想象着玻璃纸包鲜花送佳人，既浪漫又有情调，干鲭鱼不是花儿，但用玻璃纸包起来，虽不知送佳人效果如何，与废报纸包装相比，看上去不仅漂亮多了，而且显得很有文化。如此，今人的食桌上也就多了一道貌似颇有文化的"鲭鱼文化干烧"料理，那则又是鲭鱼的"食文化"了。

鲍鱼的"单相思"

一次去吃寿司，发现一个有趣的寿司名，叫"片思い"（单相思）。好奇，就点了两贯（个），等厨师递过来一看，原来是鲍鱼寿司，先甭管它为什么叫"片思"，麻溜儿地蘸上点酱油山葵蘸料就送进嘴里一贯，才第一嚼，刹那间，刺身鲍鱼片那微艮的清脆、山葵那恰到好处的刺鼻辣味，以及越光水晶米的清香就充斥口中，那种难以言喻的美味倒是立马就让我对"鲍鱼寿司"生出"片思"。

还是好奇，回来后就查了一下鲍鱼与"单相思"的关系。原来缘出于《万叶集》中的一首和歌，原词"伊势の海人朝な夕なに潜つぐ鲍の片想いにして"，大意为"伊势海人朝夕潜，采得片思鲍鱼贝"。为什么这样说呢？原来是因鲍鱼不同于其他双贝壳的贝类，乃为单壳贝，看上去就像双壳贝中的单片。我们知道，一般双壳贝在遇险时，会紧闭双壳以自保，而单贝壳鲍鱼，在遇到危险时只能靠吸盘吸附在石头上避险。于是，古代日本人就驰骋想象，想象着一半暴露在外的弱小的鲍鱼在骤遇危险时是多么地渴望另一半呀，于是，也就有了鲍鱼的"单相思"绰号的诞生，而且还是永远不可能实现的绝望的"单相思"。不过，这个"单相思"在当时却和我们人类的单恋貌似没什么关系，就是单纯描述鲍鱼，听起来倒像在感慨鲍鱼的渴求另一半但却又永远不可得的悲惨命运。

鲍鱼就这样在绝望的"单相思"中活着，到了后世又有"矶の鲍の片思い"之语句出现，此处的"矶"是指岩石很多的海岸，而且是吸附着鲍贝的被波浪拍打冲刷着的岩石海岸。在这种生存状态下的鲍鱼才被用以比喻人的单相思。正如人们所知的那样，鲍鱼的单相思是永远实现不了的幻想，以其喻人，本身就意味着永远得不到的爱情。而且，非止于此，还要以这吸附在岩石上时时承受着海涛冲刷的鲍鱼，来比喻那些默默地咀嚼着这种犹如刮骨之痛般的单相思之人，表面上看来这日本人的单相思还真颇有点惨烈之感，但实际上曾经沧海的现代日本人的单相思远不及如此轰轰烈烈的，这只不过是一种文学的夸张手法加上日本人的一点物哀心理在作怪罢了。

至于寿司店以"片思い"作为暗语来指代鲍鱼，虽然是噱头，但却会让食客们自然地想起鲍鱼的"单相思"和矶边的"单相思"来。寓文化于饮食，进而完善自己优雅的饮食文化，这本就是日本人的拿手好戏，正如以"舍利"来指代醋饭一样，只不过是日本饮食与文化完美结合的案例之一而已。

　　日本人把鲍鱼的"单相思"弄得凄凄惨惨戚戚，把人的单相思比喻为鲍鱼的"单相思"时也是惨烈无比，不过，"单相思"的鲍鱼寿司却是美味非常，而且，非但鲍鱼寿司，日本的鲍鱼料

鲍鱼寿司

理也绝对是让人竖大拇指的。比如鲍鱼的贝烧、煮贝、酢贝、刺身、蒲铮（鱼糕）、生干鲍、胀煎、野枭、鲍鱼脍、叩鲍等，无不让人垂涎欲滴。尤其是"名鲍"如眼高鲍、黑鲍、雌贝鲍、虾夷鲍等，或适宜刺身，或适宜烤制，或适宜蒸煮，各尽其妙，还真就给人一种感觉，这鲍鱼好像是为人类量身定制的，也就难怪我对鲍鱼"片思"了。

松叶蟹是日本海冬季的风物诗

喜欢上蟹，是从二十几年前第一次品尝阳澄湖大闸蟹开始，每当那白白的细腻而又微甜的蟹肉蘸上当地特制的蘸料送入口中；每当那腻嘴的蟹膏、鲜香的蟹黄与自己的舌头亲密接触，那份给味蕾带来的舒爽传递出来的幸福感，一口姜丝老酒下肚后就让我直接找不着北了。从那时起，与蟹"一见钟情"，并且二十余年来痴心不改。

进入11月，日本也到了捕蟹吃蟹的季节，今儿个就想聊聊被日本人誉为"日本海冬季的风物诗"的松叶蟹。日本人做事较真，捕捞螃蟹就也弄出一个捕蟹"解禁日"来，为每年的 11 月 6日，截至第二年的 3 月份，整四个月都是食蟹季节。不过雌蟹例外，虽也是从 11 月 6 日开捞，但截止日则为 12 月底，最迟不过次年 1 月初，那是因为雌蟹肩负繁衍后代的重要使命，因此捕捞期比较短，由此也可见，岛国人民为了世世代代吃上蟹吃好蟹，是早就设定了严格的捕捞规则的。忽然就想起了我们的绝种捕鱼法，不胜唏嘘。

那么，松叶蟹到底是怎么回事呢？其实松叶蟹的标准汉字名称是写作"头矮蟹"的，只有特定地区如鸟取县出产的蟹背坚硬、肉身紧致的雄蟹才有资格被称为"松叶蟹"。至于"松叶蟹"这个名字的由来，大体有三种说法：一是因为蟹腿细长如松枝；二是因蟹腿刺身的肉散开如松枝；三是由于制作蟹料理时常有松枝来装饰。而松叶蟹之所以好吃，是因为鸟取这片海域浮游生物丰富，所以蟹肉才长得美味。此外，蟹壳少、蟹脚长也是松叶蟹的特征。

那么，我们如果自己买蟹食用，需注意些什么呢？一般来说，首先要了解松叶蟹是寿命为十四五年的蟹种，在买蟹时就要注意选那些壳坚量重的，只有壳坚量重才能保证年头足够肉质饱满（最好是蜕壳多次的），刚刚蜕过一两次壳的则被讥为水蟹。为了衡量蟹的肉质饱满度，日本人还发明了一个称为"身入率"（即壳付重相对于软体部重的比率）的计算方法，具体如下：身入率＝（熟蟹重量／活蟹重量×100%）。一般来说，身入率在90%以上的为坚蟹，品质上乘；80%～90%的为若上蟹，品质良好；60%～80%的为若蟹，品质就很一般了，而身入率在50%以下的则称为脱皮蟹，至于蟹肉么，嗯，"八年了，别提它了"！所以去超市买松叶蟹时除了查看蟹壳软硬和比较蟹身重量这些简单方法之外，衡量螃蟹肉质饱满度更科学的量化指标是身入率。在这里还有一个问题，就是我们购买松叶蟹时有时会发现蟹壳上有很多小黑点，那些是蟹身上寄生虫蟹蛭的虫卵，看着犯咯硬，但据真正的松叶蟹料理师们说"松叶蟹甲壳上黑点越多，蟹肉才越美味"。

那么，松叶蟹如何品尝才为正宗呢？个人认为，雌雄松叶蟹的吃法，那是各有千秋。雄蟹蟹足修长，各种蟹足料理可以凸显其优势。而雌蟹的蟹黄、蟹籽、蟹味噌也都是让人垂涎欲滴的美味。所以，真若想奢侈地品尝松叶蟹，强烈推荐有松叶蟹会食（套餐）料理的蟹店，从简单的蟹肉刺身、烤蟹、煮蟹到蟹肉火锅，一套下来，可享尽松叶蟹的美味。除此还一定要品尝日本的烤蟹味噌，蟹味噌是蟹壳内侧的蟹内脏，味道微苦，人家都说美味凝聚的蟹味噌很适合配上日本酒一起品尝，要我说，松叶蟹套餐既适合清酒也适合生啤、烧酒。想象一下在一个微寒的夜晚先来上一盘松叶蟹足刺身佐以清酒，那蟹足的鲜甜配上清酒的清凛所给予味蕾的绝妙感觉足以让你感到清酒几乎就是为蟹刺身而生；然后再来上一炉烤蟹，这时候大口生啤会让你体味到烤蟹配扎啤的人间至味，而个人认为煮蟹、蟹味噌却是都适合烧酒的，一口微苦的味噌，一口老味儿的烧酒，那份感觉，就趋近于北海道冰雪世界的老饕食法了。

竹荚鱼的味儿

我们所说的竹荚鱼，日本人叫它"アジ"，汉字写作"鯵"，而"アジ"在日语里还写作"味"，就是味道的意思。如此，竹莢鱼游到日本海为何就变成"アジ"之缘由也就呼之欲出了，竹莢鱼味道好极了么！至于把"アジ"写作"鰺"，这也有两种说法：一种说法是因为日本人认为"アジ"最好吃的季节为旧历三月，而三的大写为"叁"，近乎于"参"，故此以"鱼"加"参"组成"鰺"字以为"アジ"的汉字；另一种说法是日本人觉得竹莢鱼好吃得不得了，因此口语里就常用"好吃哭了"（美味しくて、参ってしまう）舔嘴咂舌地形容竹莢鱼的美味，在此，"鱼"与"参"又有机地凑到一块儿了。不过不管怎么说，"アジ"也好，"鰺"也罢，都是强调这种鱼味道的，与我们那文绉绉的"竹莢鱼"的叫法相比，还是感觉日本人更趋实用主义一些。

在日本料理里，竹莢鱼最早的做法是制成鱼干，也就是日本人通常所说的"一夜干"，日本人早餐最喜爱的佐饭菜之一。一条烤竹莢鱼，一碟咸菜，一碗味噌汤，一碗白米饭加上一粒腌梅子，那就是日本人最幸福的早餐。20世纪60年代，神奈川县的乡土料理"拍小鰺"开始在东京流行，这使得竹莢鱼的生食成为潮流。"拍小鰺"的鲜味和酱油味、姜味搭配，就非常入味，所以，即使到今天，这还是一道让东京人放不下筷子的流行佳肴。

　　过去，因为从鲜度考虑，竹荚鱼和其他亮皮鱼一样，用醋渍的方式做成寿司或生鱼片食用。不过，随着经济的高速发展，物流和保鲜业的越来越发达，竹荚鱼的鲜度有了保障。人们发现，似乎不用醋渍，竹荚鱼的味道更好。因此，现在竹荚鱼生吃也已成为潮流。这里有个食鲹鱼小贴士提醒各位爱鲹客，现在如果在日料店里偶然遇到厨师还是以醋渍竹荚鱼提供给食客生食，那么，要么是这位厨师头大脖子粗脑袋转不过弯来，因此还在用着他师傅教给的醋渍制法，要么就是鱼的鲜度有问题厨师欲以醋味遮盖，还是尽量不吃为妙。

　　食用竹荚鱼发展到今天，吃法已不仅仅是上述的这几种，作为日本列岛近海沿岸的常见渔获，今天的竹荚鱼是从刺身到一夜干，从烤、炸到煮、炖，几乎无所不能，竹荚鱼已确确实实地成为日本人餐桌上不可或缺的主菜之一，而且是一年四季皆能品尝到的最为普通而又美味的鱼种。说起美味，竹荚鱼的美味度还是依季节不同而略有差别的。一般来说，以夏季的竹荚鱼油脂最为丰厚，制成寿司或者刺身，味道甜美而又温和，其中，盛夏时期的浜田鲹油脂含量达到 10% 以上，以此标准切出来的刺身"入口即化"的那种感觉才是真正让人食髓知味的。

在日本吃竹荚鱼还有一讲，那就是以颜色分优劣。这就首先要分清日本鲹的品种，一般来说，除了真鲹外，日本市场上还能见到西真鲹及丸鲹。西真鲹产自大西洋，是日本竹荚鱼的同种，主要用来制作鱼干，丸鲹则在超市和小料理店多见，因价格划算，主要被作为竹荚鱼的替代品来使用。而日本竹荚鱼的产地与分类主要是鹿儿岛的"出水鲹"、大分县的"关鲹"，还有爱媛县的"奥地鲹"、宫崎县的"滩鲹"及山口县的"濑付鲹"等。日本竹荚鱼一般有两种生活形态，一种具有洄游习性，体表为黑色，体型细长，叫作黑鲹，产量非常大；另一种基本不洄游，生活在浅海海域，体表带有黄色，腹部偏白，体型较短较圆润，被称为黄鲹。与黑鲹相比，黄鲹的产量低，但油脂含量高，因此，买家在挑选竹荚鱼时，一般首选都是油脂高的黄鲹。黄鲹，也就是黄色竹荚鱼，在这个食鱼重视油脂的时代，可以说，黄鲹就是竹荚鱼里的王道。

欲罢不能的樱海老

1894 年初夏的某天，日本静冈县静冈市由比町（现静冈市清水区）的两位渔师一如既往地在静冈骏河湾捕捞鲹鱼，不知什么原因其中一网潜深了些，结果起网一看，发现网到大量的粉红色透明小虾，自此拉开日本人吃"樱海老"的序幕。

古时候的日本人称"虾"为"海老"，是因为他们觉得虾长得像生活在海边的长髯弓腰老人。如果确切一点说，"海老"最初是指在海底游走的大型虾类，如龙虾等，而生活在浅海的小虾，在当时则称其为"蝦"。不过今天已没有那么多讲究，大虾小虾统统为"海老"，而"蝦"之一字，大陆亦少用，倒是同为出产"樱海老"的台湾尚使用"蝦"字，如他们把"樱海老"就称作"樱花蝦"，而我们则写作"樱花虾"。

之所以称这种小虾为樱海老，是因其虾壳富含虾青素，生虾看起来呈半透明的粉红色，色若樱花。樱海老除了有迷人的樱花色外，只有 3 厘米～5 厘米的成虾身上还竟然不可思议地长有160 个左右发光器，夜晚在海中群游就如宝石般光耀闪烁，因此樱海老还被昵称为"海之宝石"。

夏季是樱海老的产卵季，每年的6月～9月就被定为禁渔期。而由于冬季樱海老潜入深海，难以捕捞，所以1月～3月又为渔民自发的休渔期。因此，捕捞樱海老就仅有"春渔"和"秋渔"两个渔期，即3月～6月和10月～12月。

翩翩群舞的如粉红色少女般的樱海老如此多娇，在过去，日本人把它们晒干食用，晒干有两种方法，一种是"素干"，也就是不做加工自然干晒，我们称其为"生虾干"。另一种是用盐煮后干晒，日本人叫它"煮干"，我们则称其为"煮虾干"。因虾干的独特食感，所以它是制作"御好烧"（杂样煎饼）和"炸什锦虾"的最佳材料，樱海老御好烧那浓浓的味道，炸什锦虾那香脆而又有嚼头的口感，绝对是人间美味。

毕竟这是个喜欢食生的民族，樱海老自然也逃脱不了被生食的下场，和吃刺身一样，蘸上一点酱油山葵，樱海老入口滑嫩，鲜香微辣，就特别适合微凛的清酒。当然也可以蘸着醋或柠檬汁，鲜嫩爽口，个人觉得以生啤配之，更是大妙。日本人还拿生樱海老制作盖浇饭，看着那如舞子般的美妙身姿横陈在热气腾腾的米饭上，我见犹怜，到底也没勇气吃它，竟是至今不识卿滋味。此外，樱海老还可做成军舰卷寿司、茶泡饭、盐煮、什锦寿司饭、釜饭等。美观到让人不忍下箸，食之更是余味袅袅……不过据说最好吃的还是当地的渔师们自家吃的"海边锅"，那是用樱海老、豆腐、大葱等加酱油做的一道炖菜，配上烧酒，绝对够劲儿，可谓渔师们的治愈系料理。

樱海老色粉红，因此日本人给它起了这个好听的名字。但也正因被比作樱花，而其寿命又仅为 15 个月左右，尤其是母虾，交尾后能产 1 700 ~ 2 300 个的卵，但产卵后 2 个月 ~ 3 个月自然死亡，就有些像了樱花的特性，可谓短暂的生命、绚烂的"虾"生。不过和樱花与武士经常被日本人联想在一起不同，日本人在吃它时，似乎并没有想到武士、大和魂什么的。

鲸鱼料理与捕鲸

每年都见澳大利亚的"反捕鲸舰队"曝光日本人捕鲸那些血淋淋的画面，对鲸鱼料理无论是从生理上还是心理上就都不免有了一丝敬而远之的反应。当然，不像鲸鱼料理圣地长崎，东京的鲸鱼料理不太多也是原因之一吧。有朋自"国内"来，指定要吃鲸鱼料理，只得勉为其难鼓起勇气，料理了一次鲸鱼。

不吃不知道，一吃还真就吓一跳，才知道堪称海中巨无霸的鲸鱼却也是可以从头吃到尾的。鲸鱼料理可谓丰富多彩，头部的鲸舌，可以制作刺身也可以制成炖菜，美味可口；腮肉的上颚肉制的咸肉也是别有风味；而鲸鱼内脏锅，味浓而香，最适于烧酒；鲸鱼皮也可做刺身，很有嚼头；"御田"（おでん，杂烩或关东煮）里煮制的鲸鱼皮烂乎乎的，入口也别有滋味。而真正的鲸鱼肉料理就有很多了，最常见的当然是刺身，有点血红，味道说实在的，感觉一般，不过，鲸鱼肉制的香肠，倒是很不错，盐烤鲸鱼肉和炸鲸鱼肉块也很入味，个人感觉最美味的当数鲸鱼鱼排和鲸鱼肉块串烧（烤鲸鱼肉串），既有西式风味又有和式元素，可谓东西方料理的完美结合，最重要的是色味俱佳。也尝了熏鲸鱼肉，或许是个人口味不同，没吃出什么特别味道来。总之，鲸鱼料理可圈可点，也就明白鲸鱼肉渐渐淡出日本人的食桌并不一定都是贵的原因。

其实，日本人吃鲸鱼肉的历史很长，早在12世纪他们就开始捕鲸了，还有更玄乎的说法，说是根据和歌山附近出土的那个鲸鱼骨架考证，日本的捕鲸史直可追溯到 8 000 年前的绳文时代。照此推论，至 20 世纪国际捕鲸委员会开始禁止商业捕鲸为止，可以说，日本人已经吃了近万年的鲸鱼肉，听着就明显不大靠谱。

1986 年，在日本以科研为目的的多次申请下，国际捕鲸委员会批准他们可以在南极和北太平洋捕鲸，同时也表明不可用于商业目的。但人们心知肚明，以科研为借口捕鲸，"研究"到肚里才是其最重要的用途。日本捕鲸协会在国际捕鲸委宣布禁止捕鲸后也发声说，捕鲸是日本历史和文化不可分割的一部分，禁止商业捕鲸的做法，正在掠夺日本文化和传统的重要部分云云。非但如此，他们还在其协会的主页上进一步宣称：人们通过捕鲸产生信仰、民族舞蹈和传统工艺等，使得捕鲸文化得以传承，这是日本人与鲸鱼共同走过的历史见证。

我吃你，吃出了信仰，吃出了民族舞蹈、工艺，理由不仅冠冕堂皇还透出相当的霸气。霸气的后面实际上日本政府是有着广泛的民意支持的，之所以这样说，是因为虽然吃鲸肉已经不是很普遍的事情，但日本人确实还是对捕鲸吃鲸肉有着难舍的情结。

那是因为二战前后，是大量的鲸肉补充了日本人体内所需蛋白质的一半甚至以上，东京农业大学教授小泉武夫在其所著的《鲸鱼救国》里指出：在捕鲸量达到顶峰的 1957 年至 1962 年，日本国民在动物蛋白质的来源获得上鲸鱼实际占有比例达到 70%，甚至在 1954 年的《日本学校午餐法》中明确要求在义务教育的小学、初中阶段提供鲸鱼肉以改善日本儿童的营养。这是什么概念呢？也就是说，今时六七十岁的日本老人，他们就是当年吃鲸鱼肉长大的那批孩子，是一个对鲸鱼肉有着一种特殊情结的群体。日本人对鲸鱼之眷恋，只要看看日本全国林林总总的各种鲸鱼博物馆、鲸鱼纪念馆和鲸鱼资料馆就明白了。

虽然日本人吃鲸鱼肉的比例在逐年下降，甚至在今天的世论调查中，已有 53% 的日本人表示从没吃过鲸鱼肉，但近几年来，鲸鱼肉又开始走俏起来，尤其是外国观光客来日，除去刺身、寿司，最想品尝的还有鲸鱼肉，这也相应地推动了捕鲸业和鲸鱼料理的发展。日本鲸鱼研究所的数据显示，日本鲸鱼供给量已由 20 世纪 90 年代的 1 700 吨增至 2006 年的 5 500 吨，而且这些数据近几年还在明显上升。这说明日本的捕鲸活动已经又恢复到了相当规模的产业和市场。虽然捕鲸在日本经济中的作用已经微乎其微，但对沿海地区的经济影响还是蛮大的。现在日本仅在太平洋侧就有捕鲸船 1 000 艘、渔师 10 万人、六个捕鲸基地。比如其中的大地町，捕鲸几乎可以说是他们唯一的谋生手段——这绝对是一伙坚持"生命不息，捕鲸不止"的人。

因此，有了上述这些原因，估计，"反捕鲸舰队"的行动在相当长的一个时期，还是任重道远的。还有个大家都心知肚明的理由在支持着日本坚决捕鲸，那就是大鱼吃小鱼，而鲸鱼是吃金枪鱼的，金枪鱼是什么？那可是日本人，甚至全世界人都最喜欢的日本刺身用鱼，鲸鱼不杀，日本人就不能真正安心吃金枪鱼刺身。

金枪鱼今昔不同

金枪鱼，日语汉字写作"鮪"，读作"マグロ"（音若"马咕唠"）。它是一种体黑腹白的海鱼，大的可达三米左右。正因其除掉腹部全身漆黑，而日语里形容这种黑的状态时就称为

"真っ黒"（音同"马咕唠"），因此金枪鱼在日本才得了这么个俗名。

俗话虽然说咸鱼翻身还是咸鱼，但金枪鱼翻身却再也不是过去的金枪鱼了，所以，若要评价金枪鱼，还真得带着与时俱进的眼光来看它。

其实，金枪鱼今时虽辉煌，但过去却远没有这么灿烂，很少有人吃它，原因就是金枪鱼易腐、体大、色红。在过去没有冰箱的时代，金枪鱼体重身长，又无法置于水槽中流通，而且颜色如血，所以，作为已经吃惯了鲜鱼的日本民族，金枪鱼自然不在鲜鱼之列。虽然他们自古也吃干鱼和咸鱼，但据说金枪鱼风干后其硬如石难以下咽，而咸金枪鱼也味同嚼蜡，因此，金枪鱼早早就被大和民族列为"下鱼"（最下等的鱼）了，仅供穷人腌制食用。

直到江户时期，随着酱油的出现，金枪鱼才迎来一线曙光，日本人发明了把金枪鱼涂上酱油的保存方法，寿司店开始试着以这种金枪鱼制成寿司提供给食客品尝，继而，金枪鱼刺身也开始面世。不过那时金枪鱼中脂、大脂即所谓的油脂多的部分因其更易腐烂，被日本人揶揄为"猫都不吃的鱼"而痛遭抛弃。据说从

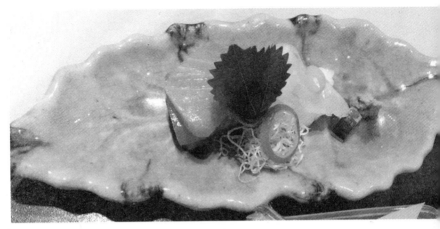

金枪鱼刺身拼盘

幕末开始食用金枪鱼刺身、寿司时起，寿司店和后来的刺身屋就
都把金枪鱼的中脂、大脂部分弃于店旁随行人自由免费拿取。脑
补一下现在中脂、大脂金枪鱼刺身的价格不菲，真恨不得带着冰
箱穿越到那个时代，也好早早大快朵颐那被日本人扔掉的最好的
金枪鱼肉了。

到了 20 世纪 60 年代，随着冷藏技术的大幅进步和日本人
食生活的洋风化，他们的味觉也发生了很大的变化，开始趋向
于浓厚化。而且随着渐渐地摸索出了金枪鱼在零下 30 摄氏度的
冷藏环境下解冻后，才是最好吃的这一决定性条件后，中脂、
大脂金枪鱼刺身的鲜度、入口的腻滑感和配上山葵、白萝卜丝

等的整体食感就让日本人整个躁动起来了。自此，日本人吃金枪鱼刺身一发不可收拾，金枪鱼刺身也一跃成为刺身中的极受欢迎品种，而中脂、大脂金枪鱼刺身更是荣膺了"刺身王者"的称号。

今天，可以说金枪鱼刺身已经成为日料刺身的代表，甚至在某种意义上已可以说金枪鱼刺身就是日料的代表。不过，悲催的是，随着近些年来日料的风靡世界，尤其是风靡西方和中国，金枪鱼也成为相关各国争相打捞的深海鱼，以致金枪鱼数量开始减少，日本的金枪鱼获量也一年不如一年。于是，日本人慌了，日本政府也慌了，先是说中国台湾抢他们的金枪鱼了，然后又开始指责中韩乱捕，尚没吵出个结果呢，这不，"后院"又起火了，据说，由于中国大陆高级金枪鱼的需求量大幅上升，结果还催生了一个新的夹带金枪鱼入境中国的密输产业，弄得日本人直担心将来会吃不上他们的大爱"马咕唠"。不过，由此也可见，金枪鱼刺身确实也已成为被世界范围认可的美味食品。

日本刺身料理都有哪些

　　日本人因其四面环海的岛国地理特性，自古就有着生吃鱼类的习惯。而且随着社会的进步也早已开始蘸料吃生鱼片了，但直到室町时代为止，日本人吃的生鱼片还叫作"なます"，音若"拿马仕"，汉字写作"脍"。也因此，还有一说，说日本的生鱼片是从中国传过去的，这个却是真正令人汗颜了，且不说我们古代的"飞刀脍鲤"的吃生鱼片盛世早已因食用的是江河之鱼导致传染病频发而湮灭在历史的长河中了，而且，只要稍动脑筋都会想明白，海洋民族吃鱼又岂用别人教，生鱼片的汉字写作"脍"，只能说明他们曾用过这个汉字来表记"生鱼片"而已。说到底，重要的是在当今之世只要提起生鱼片，那精心地摆放在各种船型、筐状等盛物上的，在白萝卜丝、苏子叶、小菊花和山葵末等衬托下令人感到赏心悦目的刺身形象，人们的第一直觉就是那代表的是日本料理。

　　应永六年（1399年），也即日本"应永之乱"那一年，在《铃鹿家记》中，首次出现了"刺身"二字。之所以有了"刺身"

来表记生鱼片，这里还有一个小故事。原来在古时候，日本人把各种鱼去鳞、皮后因难以辨清鱼的种类，所以就用竹签串上鱼皮，然后插在鱼身上以便于识别鱼的品种，那么，这刺在鱼身上的竹签和鱼皮，就被称作"刺身"了。后来，虽然不用这种方法识别鱼了，但"刺身"却渐渐成为生鱼片的代名词，而且这种叫法在日本也一直延续至今。

说到刺身的种类，从广义上来讲，并不仅仅是指鱼类，而是包括了很多动植物的。比如鱼类、贝类、马肉、鸡肉、马肝、竹笋、豆皮、蒟蒻等，这些被制成生鱼片吃法的都可以称为刺身。但从狭义上来讲，则主要就指鱼、贝类。大致包括金枪鱼、鲷鱼、鲕鱼、墨鱼、比目鱼、扇贝等。而其中最受普罗大众欢迎的，单从鱼类来讲，以个人旅日三十年的经验来看，应是金枪鱼、鲷鱼以及鲕鱼，这几种刺身是我们工薪阶层下班后去居酒屋聚饮时必点的菜品。

一般常吃的刺身就不多做赘述，在此想介绍一下日本几种比较另类的刺身。首先来说说"马刺し"，也就是马肉刺身。马肉刺身因马身上可以选用作刺身的肉不多，所以价格稍偏贵一点，最好吃的是像霜降牛肉那样的雪纹马肉，与吃鱼刺身使用的山葵

鲷鱼刺身

蘸料不同，吃马肉刺身一般蘸料为姜末、葱末和酱油。来一块霜
降马肉蘸上料放入嘴中咀嚼，那种既有嚼头又散发着淡淡香气的
口感马上就出来了，端的美味。此外，日本人还以马舌和马肝制
成刺身享用。马舌还罢了，入口微滑，口感也不错；生马肝蘸酱
油，虽也吃过，但还真说不出它好吃在哪里。

也曾酒壮英雄胆吃过一次鸡肉刺身，壮着胆儿也就是尝了一块鸡胸肉刺身，也说不出什么味道来，至于鸡腿刺身，尤其是鸡肝刺身、白子（鸡睾丸）刺身那则是喝多少酒也壮不起胆儿去品尝哪怕那么一小口的。

鱼食文化

虽然日本人说他们的食鱼历史可以上溯到一万年前，但据我们所知道的有文字记载的是，自从天武天皇（673—686年）颁布肉食禁令以来，直到明治时期解禁牛肉为止。千余年来，也号称自己是农耕文化的日本民族确是靠鱼虾过活下来的。其实，岛国处于茫茫大海之中，形成一种食鱼文化本就是历史的必然，日本人自豪地称之为"鱼食文化"。不明就里倒容易被吓一大跳，错把"食鱼"当作"鱼食儿"，却是谬之千里也。

日本人把捕鱼技术和鱼的处理加工以及鱼料理方法等传承至今的关于鱼的所有知识、智慧，总称为鱼食文化。《鱼文化志》《鱼杂学》《鱼风土记》《鱼料理的窍门》等种类繁多的关于鱼的书籍，把鱼的历史、由来、鱼名以及咏鱼诗歌、绯句，形成的谚语、俚语和料理技巧囊括而尽。如此经过千余年来沉淀形成的食鱼文化，以日本人用心、细致的行事方式发展而不断提纯的鱼料理精髓，其内涵之丰富，却绝不是吃几次刺身、寿司就能心领神会的。

距东京银座数寄屋桥不远的地下，有一家只有十个座位的寿司店，这家店在东京却是大大有名，虽算不上百年老店，却也不远矣。因为八十几岁的老店主仅靠自己的一双浸淫此道五十年的魔法之手，就抓住了东京人的胃袋。据说此老为了保证双手对鱼的细腻触感，竟然坚持五十年来日日都戴着手套。这是日本"职人"的执着。偶尔在上海、北京两地，馋极了，也去那里的日本料理店打打牙祭，但吃着那实习个三两周就上台操刀的年轻人料理的鱼生寿司，虽不能说是味同嚼蜡，但也是聊胜于无，与浸淫此道数十年的日本厨师相比，岂是三两周、三两月之功就能模仿出来的？

其实，所有日本人无可否认地都认为，鱼，早已融入了日本文化之中。日本人"杀鱼如麻"，那是因为他们的食桌上无鱼不欢。非但吃，就连成人式、结婚式上，也都要供上头尾俱全寓意

发财幸福的鲷鱼来祈求美好未来。日本人信仰的七福神之一的惠
比寿神，也是一位一手持鲷鱼、一手持钓竿的钓翁。过去，没有
泡沫真空包装，日本人卖干鱼时就用报纸把晒干的鱼包上贩卖，
看起来就比光不出溜木乃伊状的干鱼卖相好，不仅显得漂亮，咸
干鱼包上报纸，一种文化感还扑面而来，令人忘记了咸鱼味儿。
这事儿干得就颇有文化，于是，日本人美其名曰"文化干し"，
如此一来，吃条咸干鱼就透着有那么点文化了，咸干鱼的"文化
干し"之名也就一称至今。

离东京银座不远，过去是世界最大级的鲜鱼集散地——筑
地，面积约有四十三个足球场大，这里的鲜鱼年吞吐量占了全世
界的五分之一。在这里，不仅能看到鲜鱼上市的热闹场景，还能
品尝到正宗的鲜鱼料理。也由此，在这里所见到的"鱼职人"们
都是一副自豪满足的样子，因为无论是买卖鲜鱼还是料理鲜鱼，
他们都站在世界鱼市场的最前端。筑地鱼市场成为东京的观光名
胜，那绝不是浪得虚名。但逛筑地鱼市，要记得的是，在鱼职人
面前，千万不要说这里是观光地，鱼职人们是绝对不喜欢人们只
把这里当作旅游景点的。

石原慎太郎在任东京知事时，提出申请并成功拿下 2020 年

奥运会的主办权，他计划把筑地鲜鱼市场挪到东京湾的一个人
造小岛上，此事在他退任东京知事后的今天得以实现。果不出
所料，东京人的筑地情结、筑地的氛围以及鱼文化传承都受到打
击，因为毕竟有些东西是迁移不走的，人工岛也是注定无法全部
模拟筑地的。

秋刀鱼逸话

　　"秋刀鱼"这仨汉字，容易让人先入为主，想当然地认为这
是中国常见的一种鱼类。其实不然，这里要说的秋刀鱼，既不是
指中国沿海各处均可见到的也称带鱼的刀鱼，也不是指号称"长
江四鲜"之一的主要活动在长江入海口附近的长江刀鱼，而是指
主要生息在北太平洋一带的一种洄游型鱼类。

　　秋刀鱼，其貌不扬，是一种成年期体长为二十五厘米至四十
厘米的尖嘴猴腮、背青腹银、背鳍尾鳍较多且皆生长在后部的整
体略显丰润的棒状鱼类。不过也有特别的，比如偶尔运气好，渔

人就会捕捞到黄嘴儿黄尾的秋刀鱼，那就是秋刀鱼里的"战斗鱼"了，运气爆表时还会捕获到整体呈黄色的秋刀鱼，不用说，那绝对就是秋刀鱼里的"皇鱼"。其实，说其是"战斗鱼"也罢，"皇鱼"也好，都是指这两种秋刀鱼吃起来比一般的秋刀鱼味道更鲜美、更有口感而已。至于为啥变黄了，据说过去的日本渔人也不明白，一旦被问起来，也以类似于"防冷涂的蜡"之类的措辞来支吾一下。但如今不同了，随着现代渔业技术的发展，连普通人也知道了，秋刀鱼头尾呈黄色，那是因秋刀鱼肥腻到油脂开始向体表分布的表现，而整体呈黄色，则表示秋刀鱼已肥到全身布满油脂的程度了，而且表面有黄色还代表着是刚刚捕捞上来的最新鲜的秋刀鱼。因此，如果能吃到这样一条全身呈黄色的秋刀鱼，那绝对是运气爆棚香腻到让你立马觉得"生而为人"乃是最正确最美好的一件事。

秋刀鱼只有一年到两年的寿命，看它的大小就可以判断，一般在二十八厘米以下的，基本可视为不到一年的零岁鱼，超过二十八厘米乃至三十五厘米的则为一岁以上不到两岁的成年鱼，而少数达到四十厘米长的，那就是秋刀鱼里的大高个了。秋刀鱼虽然属于群居的大众型小鱼，但还真就别小瞧它，它可是能够洄游于整个北太平洋的"牛鱼"，只有到了每年的秋季，由于产卵需要，秋刀鱼才顺潮洄游到日本近海，然后闯关东，过近畿，一直向九州南下。因此，秋季也是日本秋刀鱼捕获量最大的季节。

在日本古时候，秋刀鱼本来是被称为狭真鱼、青串鱼或佐伊罗鱼的，明治时代大文豪夏目漱石在其1906年发表的《我辈是猫》中首次以"三马"（さんま，音若"桑妈"）这两个汉字来表记秋刀鱼，不过似乎并没流传开来。至于今天被广泛使用的"秋刀鱼"叫法的由来则是因为它的柳叶刀形状，而捕获季节又在秋季，故而让日本人联想到这是一种"在秋天捕捞的刀状的鱼"，有了"秋刀鱼"之称。而"秋刀鱼"汉字表记的普及，应该感谢日本的另一位大文豪佐藤春夫，是他的《秋刀鱼之歌》中的"凄凄秋风啊，你若有情，请告诉他们，有一个男人在独自吃晚饭，秋刀鱼令他思茫然……"，诗句中那充满哀愁爱恋的意境，才使得"秋刀鱼"三字也借光被日本人广泛认识并成为后来唯一的秋刀鱼之汉字表记。不过，其日语读音倒还是与夏目漱石的"三马"之"桑妈"读音相同，并沿用至今。

说来兴许很多人不相信，秋刀鱼虽然在今天的日本大名鼎鼎，但到江户中期为止它还是属于不得烟抽的下品鱼呢。据说日本人到江户中期为止是不吃秋刀鱼的，那时老江户的所谓的公家、武家等上品人主要吃的是含油脂少的而且肉呈淡白色的鲜鱼类，认为那才是上品人吃的上品鱼，至于每到秋季泛滥日本近海烂白菜价的一身肥油的秋刀鱼，则直接被上品的江户人当作下品鱼而弃之如敝屣了。尤其是武士，他们认为秋刀鱼的形状酷似武士插在腰间的那把"肋差"（短刀），因此对吃秋刀鱼更是避讳。事实上也正是如此，江户中期刊行的《本朝食鉴》记载，那时，秋刀鱼主要就是用来提取鱼油以做灯油用的。不过，同样因秋刀鱼白菜价，有钱人不吃，江户穷人就常吃。加盐炭火烤制的秋刀鱼，成为江户下町人（贫民）的最爱。

据《江户史》记载，在江户时代的 267 年之间，江户共发生了 49 次大火和 1798 次小火，想象一下主要为木结构建筑的江户人住宅，那些有钱人被烧得如惊弓之鸟般。据说，在江户末期，有一次，长工们为了吓唬小气的地主，集合起来弄了许多秋刀鱼一起火烤，浓烟起处，长工们高喊"着火啦""着火啦"，吓得地主是屁滚尿流落荒而逃。不过，当地主知道上当后气势汹汹地回来时，闻到那烤秋刀鱼的香味，品尝之下，烤秋刀鱼那肥美的味道让他们也禁不住大快朵颐起来，忘掉了惩罚长工。由此传说，

研究秋刀鱼的专家认为，江户上品人开始吃秋刀鱼就是缘于这次
长工们对小气地主的淘气式的捉弄。

　　自此，秋刀鱼被江户所有人接受，他们研究、开发出了各种
吃法，传承至今，已经有了烤制、蒲烧、干煎和寿司、刺身等花
样。不过，蒲烧偏甜，干煎虽香却少鲜，而寿司和刺身对秋刀鱼
的鲜度要求又极高，如果不是最新鲜时，制作秋刀鱼寿司和刺身

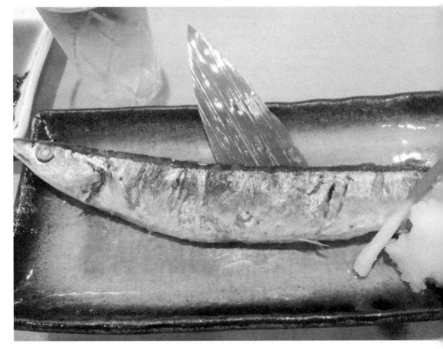

盐烤秋刀鱼

会有腐味，所以到头来日本人最爱的还是传自江户时期的炭火盐烤秋刀鱼。至于盐烤秋刀鱼的做法，因秋刀鱼无胃短肠，就是一根直直的短肠直接连接到排泄部位，吃入腹内的食物，二三十分钟就会消化排泄掉，脏腑非常干净，所以，真正喜欢吃盐烤秋刀鱼的一定是不去内脏，打扫干净后涂上盐，直接炭火烤制。这样烤熟的秋刀鱼油脂渗出散发浓郁香味，鱼肉鲜美、香腻。吃的时候在嫩黄泛脂的鱼表层洒上几滴柠檬汁或柚子汁，再佐以萝卜泥，配上清酒生啤，那鱼香、清香、苦香、酒香一起弥漫开来，是最完美的人生夫复何求的秋刀鱼真味享受。

因秋刀鱼只有在秋季产卵期前后油脂最多也最为肥美，所以，秋刀鱼也早就成为当代日本人的秋季最爱，被誉为"秋之味觉"的代表。甚至，在夏天过去秋天将至的时候，日本人的日常问候都是"时间可真快呀，马上就要到吃秋刀鱼的季节了呀"云云。而且，不知何时，秋刀鱼还成为日本人对秋季的两大企盼之一，另一种是赏枫（紅葉狩り）。每至秋季，吃着肥美的盐烤秋刀鱼，品着清酒赏红叶，乃被日本人视为秋季最大的幸福。遗憾的是，在日本关东地区，秋刀鱼每至初秋如约而至，而枫叶却要到中秋后才渐红，等到深秋枫叶如火时，秋刀鱼不大新鲜了。好在，这时的秋刀鱼虽然少点鲜美但却也多些醇厚，倒也不影响关东人对它一如既往的情有独钟。由这些也足见秋刀鱼在日本人心目中的重要性。

此外，日本人还发现秋刀鱼含有能促进血液循环的廿碳五烯酸，因此，据说经常食用秋刀鱼，还有预防脑梗死、心肌梗死的作用。秋刀鱼体内还含有大量的十二碳六烯酸，有减少附着在大脑、血液、神经系统中的一种类似脂肪的东西的作用，促进脑细胞活跃，非常有利于大脑的健康。当然，如此这般的功用都是据说，是为秋刀鱼添彩。

秋刀鱼如此多娇，又怎能不让重视健康的日本人趋之若鹜呢！所以，秋风一起，我们古人有莼鲈之思，而他们银杏渐黄思"桑妈"。每逢秋季，可谓秋刀鱼香笼罩整个日本列岛。不仅大小超市的鲜鱼专柜秋刀鱼必须隆重地登场，而且遍布车站、大街小巷的日本料理店更是在午餐时间推出秋刀鱼定食。那么，于我者，秋季午时的最大企盼就是偶尔去餐厅点上一份秋刀鱼午餐定食大快朵颐一番，望着那龇牙咧嘴、侧躺在托盘内鱼形盛器里绿叶上烤得火候刚刚好的秋刀鱼，边佐以一撮萝卜泥、一碟脆翠的咸黄瓜片、一碗白米饭、一碗味噌汤，那份赏心悦目简直令人不忍下箸了。而到了华灯初上，居酒屋纷纷开张的时候，约三五好友或同僚小酌之时，必不可少的也是一份盐烤秋刀鱼，奢侈的还要各来上一份秋刀鱼刺身和秋刀鱼寿司。哪怕是一个人去居酒屋小酌，若能点上一条盐烤秋刀鱼、两杯清酒，吃完喝完意犹未尽时，再上一条盐烤秋刀鱼，再来一杯生啤，人生真是夫复何求呵？不这么吃上几次，怎能称得上自己有过一个完整的"秋"呢？所以，于我，企盼秋天的早日到来，不仅仅为观赏红叶寄秋思，垂涎欲滴地企盼着那肥美的秋刀鱼早日上市似乎更要紧。可企盼的同时却又心有惴惴，那是怕秋去得太快，秋刀鱼会随秋南下，就生了一份跟着秋刀鱼最前线南下的冲动。秋刀鱼不贵，追逐秋刀鱼南下却绝对是所需不菲，且作罢，也只能是想想而已了。

　　不过，东京倒是还有着特别的独门"秋刀鱼"，一年四季看得着，但不仅不能盐烤，制作生鱼片更是不行，因他就是"明石家秋刀鱼"（明石家さんま），这是一位日本家喻户晓的著名电视节目主持人、搞笑艺人。此君取艺名为秋刀鱼，看来必定也是位盐烤秋刀鱼的铁粉。秋去，新鲜的秋刀鱼亦去，没法子，只好欣赏明石家秋刀鱼找乐子吧。

二、料理鸡牛马

岛国小笨鸡

去居酒屋，门前看板上大字写着隆重推介"比内地鸡串"，价格不菲（是普通烤鸡串的一倍以上），而且还限量，一人只能点两串，端的是"牛鸡"也。好奇心顿起，携友进店、落座，点扎啤、比内地鸡。不一会儿，扎啤鸡串到，扎啤就不说了，那两串躺在黑色长方形小碟上看着白里透焦大而且嫩的烤鸡串瞬间吸引了我。没说的，就冲这比一般烤鸡串大一倍的个头，就冲这通体香喷喷的卖相，足值当回大头。

点了盐味的和酱味的各一串（日本酒馆一般都提供盐味和酱味两种味道的烤物），迫不及待地操起盐味鸡串，"吭哧"一口咬下去，一种鲜嫩、香滑的感觉瞬间溢满口中，"熬姨细（好吃）"三字经脱口而出，再"咕咚"灌下一口扎啤，那份美妙简直无可言喻了。接着，又撩起酱味的塞入口中，只觉入口处，一股浓郁的酱味沉香瞬间传遍味蕾，同样是细嫩香滑，却是又一种让人流连的口感。人间至味直如斯，这一刻，只觉得托生在地球而且来到日本实在是太正确太幸福了。接下来，风卷残云，两串比内地鸡下肚，借酒劲，磨叽店长，与友终于又各"骗"到两串，加上其他爽口小菜，是夜，我与友人因烤鸡串而醉，至酩酊才归。

　　大抵少见世面如我者，尤惧被人耻笑寡闻。于是，醒酒后开始收集日本地鸡资料，日本地鸡也称"地鸟"，从饲养方法来看，大概与国内南方的"柴鸡""土鸡"和东北的"小笨鸡"相类似。那么，具体来说，在日本什么样的鸡才有资格称为"地鸡"呢？《日本农业标准法》规定：首先，日本地鸡必须拥有不得低于50%的日本鸡血统；其次，饲养周期必须超过80天；最后，也是最重要的是"平地养殖"，即自然放养，地鸡的"地"，不是指地域，而是指地面。每平方米土地只能放养不超过10只且出生28天以后的地鸡。满足上述三个条件，才可以称为"地鸡"。如此饲养出来，无论是熬汤、烧烤，还是火锅、刺身等，入口都能明显感觉到与普通鸡肉味道之差别。因此，日本地鸡就以其肉质鲜嫩、风味浓郁而享誉市场，虽然价格不菲，但追捧者却是甚众，当然也包括后来的我，心甘情愿地成为追"地鸡"一族。

　　地鸡以鲜嫩味美出了名，日本各地也就都跟风开发本地地鸡，于是乎，各地都有了自己的地鸡，不过，最出名的当数所谓日本"三大地鸡"，即秋田县的"比内地鸡"、茨城县的"奥久兹斗地鸡"和爱知县名古屋的"交趾地鸡"。在日本酒馆吃过了这三种地鸡烤串，就足以向日本人显摆，他们将怀着艳羡和崇拜的丰富表情赞曰："すごいね"（了不起）！吃几块鸡肉，却简直如登大雅之堂般让人高山仰止，味道好极，感觉好极。

东京涉谷有家很有名的居酒屋叫"地鸡坊主"，名字就很搞笑，"坊主"这俩字在日语里却是"和尚""光头"的意思，"地鸡坊主"，亦即"光头小笨鸡"，想象着还真就挺抽象。这家店以专营地鸡而出名，店家隆重推介的几品如"亲子饭""炭火烤鸡"以及共有十几种味道供客人选择的"烤鸡肉串儿"都是此店的招牌菜。据说还有"地鸡刺身"，这玩意儿生吃需好胆，我始终没敢尝试。

立吞烧鸟

不懂日语的人乍看"立吞烧鸟"这四个字，保准吓一大跳。习惯于望文生义的我们如果调动起丰富的想象力，那这四字说的就一准是一饿坏了的哥们儿，等不及了干脆站着就开始狼吞虎咽起烤鹌鹑或烤麻雀来……其实，"立吞"和站着吃食，"烧鸟"和烤鹌鹑麻雀，那是纯属风马牛。

俗话说站着说话不嫌腰疼，日本人把站着喝酒叫"立吞"，估计酒到高潮腰是不疼的。在不设座椅的站前小酒馆，客人掀门帘儿进来，拍几文大钱于柜上，喝声："小二，来两合烧酒。"这

烧鸟，即烤串

大概就是江户时代"立吞处"的风景。也有下酒小菜，是罐头、咸菜和晒干的食品等，很简单。入店客人也大都以日工资结算的体力劳动者为主。

至于"烧鸟"，则泛指烤串，虽然"烧鸟店"也有烤猪肉串、烤牛肉串、烤鱿鱼串等，但在日本只要说去"烧鸟"，主要还是指"烤鸡肉串"。在日本说到鸡肉，虽然也有炸鸡块、油淋鸡、鸡肉咖喱和炖鸡肉等食法，但能让人立即想到的当然还是"烧鸟"。

所谓的烧鸟，据说起源于17世纪的江户时代，当时，禁食牛肉、鸡肉等的幕府禁令尚未解除，吃鸡肉等于偷食，所以鸡肉斯时尚属高档食品，也由此，烧鸟屋主要烤的是鸡胗、鸡肝、鸡皮、鸡屁股等，基本上都属于鸡身上的垃圾部位。至于烤法，很简单，用小竹签子串上四块鸡肉，喜欢葱香的还可以在肉与肉之间加上两段葱，然后根据个人喜好涂上甜酱油或撒上盐末用炭火正反炙烤数分钟，烟雾缭绕香味四溢时，自然也就食指大动了，再配上二合烧酒或清酒，那绝对是不错的享受。二战后，鸡肉普及，不再高档，烤鸡大腿肉串、烤鸡胸肉串以及烤鸡肉丸等也都享受得起了。烧鸟进入全盛期后，讲究一点的，用上高级备长炭来炙烤，烤出的肉串则更是肉质酥软香味浓郁，配上大扎生啤，那绝对是最高享受，直令人垂涎欲滴。不过，现在的日式居酒屋或专门烧鸟屋都是客人预先点好烤串，然后店家给烤好端上桌，方便虽然方便了，但总觉得味道就是不如直接面对烤箱现烤现吃来得美味舒服。所以，可能的话，还是去车站下两只红灯笼一张蓝布帘儿的小小烧鸟屋去真正的大快朵颐一番。

"立吞处"发展到今天，几乎所有的车站附近都可见"立吞处""立吞屋""立吞居酒屋"等招牌，菜单也是丰富多彩，刺身、天妇罗、炸薯条、烧鸟等应有尽有，而顾客也由体力劳动者变为了各个阶层人士。下班后，约三五同事，或干脆就老哥一个，站前小店内食着"烧鸟"，"立吞"着日本酒或生啤，经济实惠又节省时间，半醺中，飘飘忽忽打道回府，真乃悠哉美哉。据说，最近，连女性客人也堂而皇之地开始"立吞"了。据说在东京银座，就好像新开了一家"立吞吧"，大受女性客人欢迎，菜单酒单全品均 300 日元，光是鸡尾酒就有 150 余种，难怪女士们趋之若鹜。

下班走到车站前，迎面店家招牌，大书"立吞"二字，窗子上贴有菜单，同样是大大的"烧鸟"二字，立吞与烧鸟，完美结合。忽想到，当年鬼子进村，一门儿心思猫腰撅屁股抓小鸡，弄得鸡飞狗叫，这一幕场景似乎也暗合了日本人是真的喜欢吃鸡肉，且这种喜欢还是无所不在的。

吃蛋变迁史

虽然传说日本有鸡的历史直可追溯到 2 000 年前，但最初鸡从朝鲜半岛传入日本也只是作为报时和斗鸡存在，而不是食用的。平安时代成书的《日本灵异记》中有记载说"吃鸡蛋会导致亡灵作祟"，日本人对鸡蛋就敬而远之了。后来随着佛教传来，受佛教的吃鸡蛋等于杀生的说法影响，他们当然更不敢吃鸡蛋了。

就这样，一直到了江户初期，西洋食文化传入日本，在蜂蜜蛋糕里开始使用了鸡蛋，那时，吃鸡蛋不吉利等说法也已渐淡，日本人才渐渐地开启了吃鸡蛋的历史。据记载，当时江户城里串街走巷担条子卖鸡蛋分生的熟的两种，熟的即煮鸡蛋，一个为 20 文钱，而当时一碗荞麦面也不过才 16 文，换算成今天的日元，也就是荞麦面一碗 400 日元，煮鸡蛋一个 500 日元，由价格就知道，当时的鸡蛋还只是有钱人才能消费得起的营养品，对于普罗大众来说，吃煮鸡蛋那还是犹如"高岭之花"，是遥不可及的事。

而一般老百姓能平常吃上鸡蛋，那已是昭和三十年（1955年）以后的事了，彼时，日本的食生活倾向于西化，开始重视含丰富蛋白质和钙的如牛肉、鸡蛋、乳制品食物等。鸡蛋因其所含营养丰富，而随着鸡的繁殖加速，价格方面也已经是普通百姓能消费得起了，因此，作为健康食品，鸡蛋在日本迎来了辉煌时期。

至于日本人什么时候开始吃生鸡蛋，一般认为始于大阪人在明治初期开始流行吃"牛锅"的时候，证据是江户的牛锅史曾有记载，说大阪商人来到江户牛锅店直接就点了牛锅和生鸡蛋，当时就把店员给点懵圈了，只能一边犯嘀咕"有钱了不起呀"，一边赔笑告知客人"这个真没有"。由此，也可看出鸡蛋在当时的金贵，那可是只有商人才吃得起的高级营养品。当然同时也能看出大阪毕竟是商都，大阪人比江户人就是有钱、任性。

　　一般来说，日本人比较认可吃生鸡蛋是源于幕末明治初期时的大阪人之说，不过，正如问日本人是何时开始吃生牛肉一样，虽然有各种说法存在，但普遍认为是从吃牛锅时开始的。日本人自己分析说，对一个成就了什么都"刺身"的伟大的"生食文化"的民族来说，不可能在总算可以享用高贵的牛肉和鸡蛋的时候不动尝试生食的念头，正是基于"试试生吃牛肉""试试生吃鸡蛋"这样的天性，因此，在明治初期的牛锅店里，已经有了"牛肉刺身"的菜单，具体吃法是用生牛肉片蘸芝麻油和盐一起食用，倒颇有点落草好汉的作风。日本人于是估摸着说，生吃鸡蛋也应该是起源于那一时期。

　　不过，因当时日本尚无冰箱，也缺少生鸡蛋的保鲜常识，因吃生鸡蛋而中毒的现象时有发生，严重者甚至导致了死亡事件的发生。直到昭和三十年以后，随着人们对鸡蛋保鲜常识的掌握和后来电冰箱的出现，人们知道了鸡蛋要储存在零下十度以下的地方，而且食用时一定要控制在保鲜期内，尤其是生吃时，必须保证鸡蛋没有破而且一定要在打碎时立即食用、不可放置等，如此，日本人才正式开始了吃上安全生鸡蛋的时代。

　　至于生鸡蛋的吃法，虽然有各种，但感觉日本人最喜欢的还是把鸡蛋打碎拌在米饭里食用，再就是吃锄烧锅时打碎一个生鸡蛋制成蘸料，然后捞出锄烧锅里的牛肉蘸生鸡蛋调料食用，还有的则把生鸡蛋和纳豆一起搅拌在米饭里，当然，最原始的就是什么也不用，直接打开生鸡蛋就喝进"五脏庙"了。看着还真就野性。

御田是怎样修炼成关东煮的

关东煮的历史说起来有点话长，确切地说，它应该是由御田（おでん，音若"藕淀"）发展而来的。而御田的出现，远可以追溯至室町时代。据说远在室町时代日本关东地区的农人们就有了把食材串起来烤食和煮食的习俗，烤食的称为"烧田乐"，煮食的则称为"煮田乐"。"田乐"嘛，顾名思义，就是在农田边儿一边烤食或者煮食，一边唱歌谣跳舞。烤着吃不用说了，当时的所谓的"煮食"也不过就是把串成串儿的萝卜等放进锅里煮熟后蘸着"味噌"（大酱）吃而已。

这种农家吃法传到江户时代，江户人慢慢地就把"烧田乐"简称作了"田乐"，而"煮田乐"则简称为了"御田"。在1837年（天保八年）出版的《守贞漫稿》里，日本历史上第一次有了"上烂御田"的记载。那时候，因在关东的铫子造出了酱油，当时的江户人就把油豆腐、鱼肉丸子、萝卜等用竹签儿穿成串儿，然后与剥皮鸡蛋、魔芋、海带结等一起放入加入了酱油的老汤里，经长时间煮熬后食用，其实那已经可以算是"锅料理"了。随着这种吃法的流行开来，江户街头开始出现"御田"大排档，"御田烂酒"（烂酒指烫热的酒）的吆喝声也同时在江户的冬夜里此起彼伏起来……

御田风行开来，自然也就传到了关西，因是关东传过来的，关西人不称其为御田，而是叫它关东煮，这就是"关东煮"这个名词的由来。

关东煮在关西被关西人按自己的饮食习惯又在汤中使用了清口酱油和海带汁调味料等，菜品也加入了如鲸鱼舌串儿、章鱼串儿、牛筋串儿等他们喜爱的煮物。也就是说，御田这种关东风煮串儿料理被关西人改造成了带有关西风格的关东煮了。而且，借1923年的关东大地震，关西风的关东煮在震后重建中又杀回了关

关东煮

东，并且与关东的传统"御田"再结合后，表面看上去已经颇有
点高大上的感觉了。

正是在这种情况下，经过努力进阶关西关东结合版御田被精
明的江户料理店主看中，山鸡变凤凰堂而皇之进入正宗料理店，
升级成为"御座敷御田"，也就是正式的和式料理菜品之一了。
如此，容易让人联想到大排档的"御田"二字就不大适用于正式
的料理店，自此，关东煮开始正式取代御田成为代表关东地方饮
食风格的关东煮料理，从这儿也可以看出，其实真正正宗的关

东煮里是有着关西风味的，据说在东京的一些经营关东煮的老店里，现在还能吃到这种略带关西风味的关东煮。

马剌刺身当之无愧

这里所说的"马剌"，不是指安装在马靴后跟上的那块用来刺激马加速的铁刺，而是指一种可以吃的切成生鱼片状的生马肉。

公元 675 年，当时日本的天武天皇下了一道《肉食禁止令》，禁食"牛马犬猿鸡"。不过，这也让我们明白了一件事，那就是既有此令出台，则恰恰反证了在此之前日本人已经在吃马肉了。禁令一下，当然不敢吃了。那么，后来日本人怎么又吃上马肉了呢？原来，400 年前丰臣秀吉出兵朝鲜半岛时，当时的肥后国熊本藩（今日本马肉第一产地熊本县）第一任藩主加藤清正率军随丰臣秀吉出征，不想在战斗中兵粮不足，不得已，只好宰杀军马煮食，这一吃，乖乖，不得了，食髓知味的加藤藩主自此就离不开这口了。回国后，马肉锅自然就在熊本藩流行开来。日本人自古喜食生嘛！因此马肉刺身也首先在熊本藩被发明出来，并渐渐传播到其他藩国。这就是马肉刺身，即"马刺"的由来。

马肉在日本自古还有一个别名叫"樱肉"，这也是有典故的。具体理由有二：其一传说马冬季吃干草和谷物，这时的马肉自然味道不鲜，而春季马开始吃青草，因此三、四月份时，马肉正是肉脂多味道美的最好时候，故此，三、四月也为吃"马刺"的最佳时节，而这时恰是樱花盛开之季，新鲜马肉切片装盘后颜色形状又颇似樱花，故而就被形象地称为"樱肉"了；其二因为受佛教不杀生所影响，日本历史上曾经多次由天皇颁下《肉食禁止令》，因此江户时代喜食肉的人也只好偷着吃，为免曝光，公开场合里则以"樱花"代称马肉，与此相似，鹿肉被称为"红叶"，"牡丹"则指的是猪肉，也是难为江户人了。

马肉吃到现代，以熊本县、长野县为代表的产马大县，马肉料理得到了很大的发展，不仅有传承下来的马刺、马肉火锅、马肚锅，而且还有诸如马排、马肉天妇罗、生拌马肉、烤马肉、生肝马刺、霜降寿司、马肉茶泡饭、马肉醋饭等各种马肉料理出现。不过，这其中最能代表马肉料理的当然还数马刺。马刺一般来说分为三种：一种是油脂多的肥生马肉片，一种是肥瘦适中的霜降马刺，还有一种是瘦肉马刺，摆盘和配菜与吃生鱼片大致相同，只是蘸料有所区别，马刺的蘸料一般是由姜末、葱末、蒜泥和酱油组成。不过，必须承认的是，日本人琢磨出的马刺蘸料无论是从味觉上还是从健康上来看，都值得人伸出大拇指点赞的。也试过用吃生鱼片时的山葵蘸料吃马刺，还真就不是那个味儿。不仅如此，一般居酒屋里的马刺价格，包括别的马肉料理的价格还都明显高于其他料理，依据这些，在日本一般也早有定论：那就是以马刺今时在日本刺身料理之地位，说其是日本刺身文化代表之一，当无异议。

马刺在过去，因马肉较少算得上是高级料理了，不过，现在日本每年从加拿大等国进口食用马，在日本养肥宰杀后卖到居酒屋等以供马肉爱好者享用，马肉料理相比于其他料理虽颇贵一点，但已是大众酒馆都能点到的菜了，算是比较普及了吧。但就本人而言，马刺虽好，适偶尔尝鲜。倒是烤马肉，一段时间吃不到，还真会想，原因无他，那是真香呵！

鞑靼肉与汉堡牛排

我是汉堡牛排（ハンバーグ）的铁粉，自然对它的出处感兴趣。

不说不知道，一说还真就吓人一跳，原来这表面上源自西方的汉堡牛排，其发明者却是13世纪铁蹄几乎踏遍欧亚大陆的蒙古帝国。鞑靼族（蒙古族）骑兵远途作战，为解决食物问题，只好食用战死或受伤的战马及老马等，但因马肉太硬，鞑靼人只好将之剁碎食用，这应该算是后来汉堡牛排的雏形吧。

随着鞑靼人在16世纪攻进欧洲，这种把马肉剁碎的食用法也传进了欧洲各国并流行开来，而且，欧洲人还给这种肉起名为"鞑靼肉"（Tatarmeat，日本料理的汉堡牛肉系列里至今还有这道菜，称作"タルタルバーガー"，只不过，鞑靼人吃的马肉在这里被换成牛肉、鸡肉和猪肉等）。喜欢吃煎香肠的德国人很聪明，就琢磨出了把这种剁碎的鞑靼肉（已主要是牛肉）煎制食用的方法，结果发现美味无比，这应该是汉堡牛排最初的雏形了。实际上，就是煎没有面皮儿的牛肉馅饼。而取名"汉堡牛排"

（Hamburger steak），则是因为这道煎制鞑靼肉的做法出自德国汉堡地区之故。

自此，煎鞑靼肉渐渐成为德国人喜爱的一道美味菜肴，至18世纪为止，据说煎鞑靼肉这种料理法已经流行到了整个德语圈的几乎所有欧洲国家。想想也是，欧洲国家的人以食牛肉为主，而欧洲属于海洋性的国家又多，那么，剁碎后便于航海冷冻储存食用的牛肉自然大受欢迎了。

18世纪开始到20世纪前半叶，包括奥地利、瑞士、卢森堡、列支敦士登等德语圈的人掀起移民美国风，于是，这道源自蒙古鞑靼肉的欧洲煎制牛肉馅饼也被带到了美国，并在美国流行开来，美国人称这道菜为"汉堡风牛排"，这也算是给源自蒙古的这道汉堡牛肉饼的正式定名吧。不过，估计这道"美国汉堡牛排"在当时也已经被美国化为"美式煎牛排"，而不是"煎牛肉馅饼"了。

至于汉堡牛排传入日本的时期，最早的说法是在明治时代，当时江户的一家洋食店菜单里出现了"日式牛排"这道菜，不过，这道日式牛排到底是不是美国的"汉堡风牛排"却是无据可查，最终这种说法也不了了之。有据可查的则是在1905年（明

汉堡牛排

治三十八年）出版的《欧米料理法全书》中"汉堡牛排"的记

载，据说这是日本关于汉堡牛排的第一次文字记录。不过，据

记载，当时这道所谓的"汉堡牛排"不是真正的肉馅式的汉堡

牛排的味道，而更接近于整块牛肉煎制的"牛排"味道。而且，

同样有记录显示，那时候日本人基本上是不大认可半生不熟的

"牛排"的，因此，在当时似乎也没什么人吃，自然也就没有流行开来。

而真正让汉堡牛排"牛"起来，那已经是大正中期至昭和初期的事了。那时候，日本人已经完全接受了牛肉，善于改良的日本人渐渐开始琢磨在汉堡牛排里加入如洋葱、奶油、鸡蛋甚至日本特有的野菜等食材，创作出各种各样的新式汉堡牛排。比如，在明治时期成立的日本最早的料理学校赤堀割烹教场，在他们1911年的讲义中就记载了当时制作汉堡牛排的食材为牛肉、洋葱、鸡蛋、黄油、盐、胡椒粉、面包粉等，使用的酱汁则为番茄酱汁。

其实，真正让汉堡牛排火起来，确切地说应该是从20世纪60年代开始。自此，日本人发扬光大了许多汉堡牛排，下面我们就来数数日本汉堡牛排的家珍。

1969年，借日本经济腾飞之东风，日本第一家百分之百使用牛肉制作汉堡牛排的连锁店饿虎（ハングリータイガー）在横滨开业，这是一家专注牛肉汉堡的小型连锁店形式的商家，主打商品就是其拥有的独特秘方之汉堡牛排。这种只专注做好一件事的做法，本就是日本人的优良传统，因此，受其影响，现在这种专门以汉堡牛排为主打产品的小型连锁店或独家经营的汉堡牛排店，可以说是遍布列岛上下。1970年，成立于1945年（昭和二十年）的石井食品开始别出心裁地制造销售鸡肉汉堡排，由于该公司是为餐馆、食堂等提供半成品的食品公司而不是餐馆，因此，他们批量制造出来的"汉堡鸡排"就必须可以冷藏，这又使得日本冷藏汉堡排技术进入快速发展期。1980年，制造汉堡牛排的又一家食品加工企业Marushin Foods（マルシンフーズ）公司在栃木县诞生，不过，这家的汉堡牛排的"牛"字就必须去掉了，因为他家的拳头产品是把牛肉馅、猪肉馅和鸡肉馅混合在一起制作汉堡排。这样做的优势是使汉堡牛排的价格得以下降，而且还能让购买客吃到混合口味的汉堡排。当然，这也使得这家公司成为日本混合型汉堡排的先驱。

接下来还想说说与Marushin Foods公司有关系的日本丸大食品，这是一家成立于1958年，以制作火腿和香肠而闻名日本的大型食品公司，为上市企业。该公司可以说是日本火腿、香肠业的巨无霸，据统计，去年该公司总营业额达到了1 600亿日元。自从2011年买断Marushin Foods公司，将其纳入麾下后，该公司开始强势进入汉堡牛排市场，目前该公司制作销售的汉堡排系列几乎囊括了汉堡牛排、汉堡鸡排和混合型汉堡排等所有汉堡排系列产品，成为日本最大的汉堡排供应商。

最后我们再来看在汉堡排业后来居上的家庭用食品（ハウス食品）公司，这是一家历史悠久到1913年（大正二年）的老牌公司，但却又是新成立于2013年的食品、饮料、调味料等制造销售公司，而且是上市公司。之所以想说说它，是因为他家虽然不制作汉堡牛排，但他家制作销售的"汉堡排助手"却受到了日本主妇们的极大欢迎。所谓的"汉堡小助手"说穿了就是汉堡牛排的"浇汁"。"汉堡小助手"的出现，使得主妇们只需把买来的汉堡肉馅煮好，然后浇上"汉堡小助手"，再摆上点配菜，就成了家族皆大欢喜的汉堡牛排餐，这当然令家庭主妇们"要老恐怖"（欢喜）了，关键是归宅的"御主人"（丈夫）、"息子"（儿子）和"娘"（女儿）还都爱吃。自此，汉堡牛排真正以日本方式完成了蜕变，成为日本"国风化"食文化的又一道亮丽的风景线。

不过要说汉堡牛排的真正日本化，还得提发自美国的连锁家庭餐厅Denny's（デニーズ），这家连锁餐厅被日本人引进后，第一次推出了和风汉堡牛排。所谓的和风汉堡牛排指的就是采用以酱油为主、加入芝麻油等特殊酱汁销售的汉堡牛排，这道牛排体现了较为明显的日式风格。有样学样，接下来日本的许多家庭餐厅也都推出了各具特色的汉堡牛排，也借此光大了日式汉堡牛排的家族。比如淋在上面或加到牛肉饼内的芝士汉堡排，咖喱饭汉堡排，以酱油、柑橘、醋等为主的日式特色酱汁、照烧酱汁、日式咖喱、白萝卜泥等搭配调成的各种日式口味汉堡排，此外，还有以豆腐泥制作的豆腐汉堡排，上面盖上鸡蛋摊饼的蛋包汉堡排，等等，而在关西，即大阪地区，还派生出了"ミンチボール"（肉馅球、肉糜球）等新的汉堡排产品。

时至今日，汉堡牛排在日本不要说蒙古人根本不可想象这就是他们当年剁碎生食的鞑靼肉，即使在西方，虽然汉堡牛排成名于斯，但相对于日本那品种齐全、美味美观的日式汉堡牛排来说，也只能是自叹弗如。而且，在日本，不仅仅内容被日化了，即使名称也早已被简称为"汉堡"，不像西方那样还叫"汉堡牛排"，在日本如果加上"牛排"二字，倒是容易让人想入非非而被误解成铁板牛排。

日本还有家全国连锁的汉堡排专门店，叫"びっくりドンキー"（Bikkuri Donkey），似乎可以译作"吓死驴"。这家店名的本义是该店提供的汉堡排之巨大，是会让客人吓一跳的，它家的汉

堡牛排，尤其放上一根巨辣小树椒的和风汉堡牛排的诱惑我常经受不住，为此屡屡光临。

和牛的往世今生

冬至，相比于其他季节，日本的涮涮锅就显得特别红火，毕竟，扎堆儿取暖围炉而食的人之本性还是放之四海而皆准的。不过，日本涮涮锅涮的内容和我们却是不大一样，我们一提起涮锅，首先想到的就是涮羊肉，而在日本一提起涮涮锅，人们心领神会的却是涮牛肉，那是日本人不大吃羊肉之故。

今天的日本牛的确很牛，可谓闻名遐迩。殊不知，这日本牛也是一波三折经历了近 1 400 年的折腾才终于"修成正果"的。我们知道，自公元 675 年天武天皇发布《肉食禁止令》始，至明治西化为止，日本禁食牛肉长达约 1 200 年。是明治西化才使得牛肉解禁，而后，又经过了百余年的改良、发展，现今的日本三大和牛（松坂牛、神户牛和近江牛），已成为名扬海内外的"名

涮涮锅

牛"。其实又何止这三大名牛，像仙台牛、飞弹牛、米泽牛等也都是牛气冲天享誉世界的。那么，日本究竟是如何使得当年那又瘦又矮明显营养不良的牛，变成今天这种肥瘦适中精壮黑亮的名和牛呢？这就要从日本牛的历史说起。

据日本《牛肉的历史》介绍，2 000 年前的日本人也杀牛食用，而且不只牛，马、猪（野猪）、狗、鸡甚至猴、鹿都通吃。不过，普通日本人的这种幸福生活到了公元675年被彻底结束了。

受传自我国佛教的不杀生戒律影响，当时的日本皇室、政府及贵族等普遍崇尚食素，于是，时任天武天皇就颁布了一个《肉食禁止令》来约束人们食肉。禁食的是牛、马、猴、狗、鸡，其中首禁就是牛肉。接下来不久的公元741年，当时的圣武天皇又颁布了"杀牛马者，杖百"的刑律。怕挨揍，一般庶民更不敢弑牛而食。不过，至明治初期止，在长达1 200年左右的日本历史上，皇室曾经数度颁发这类"肉食禁止令"，由此可见，执行的程度似乎并不是很彻底。《牛肉的历史》中就有记载，在一些贵族等上层社会，吃牛肉被视为大补，因此，阳奉阴违，贵族食牛肉习俗一直延续了下来。

其实，偷食牛肉的倒并非只限于贵族，安土桃山时期来日的葡萄牙传教士在他们的《记事》中就有"日本和尚虽然表面不吃牛肉，其实私下里还是吃肉的"的记载传世，感觉这日本和尚就有点咱济公"酒肉穿肠过"的意思了。修行者不可食荤婚娶，乃是出家人的清规戒律，可是日本佛教净土真宗的开山祖师亲鸾上人就亲自把这戒给破了，他不但亲自结婚，亲自生子，而且还亲自食肉。说到底，最可怜的还是绝大多数的庶民，他们基本失去了食牛肉的口福和资格。

据说，即使是在最避讳牛肉的江户时代，在江户市中心的"兽肉屋"里，也还是有牛肉卖的。不过，不是作为食用肉，而是被当作"滋补强壮药"来卖的，就好似把咱赵高的指鹿为马之技，修炼到了相当的层次，可以直接指"牛肉"为"药"了。据记载，江户时代《忠臣藏》里有名的浪人义士大石内藏助，就曾以补药之名赠弥兵卫以牛肉。就连幕末幕府大佬井伊直弼被暗杀，也有着因井伊家不给水户德川家献上大名鼎鼎的"味噌腌牛肉"之说存在。可见，牛肉在古代日本的上层社会从未被禁绝过，可怜了普通庶民却是千余年未有牛肉入口，以致近乎忘却了牛肉的滋味，而只记得牛乃大臣出行座驾（日本自公家时代始，牛车作为大臣上朝的专车使用）吃草挤奶的"仁兽"而已。

当年佩里率"黑船来航"，在下关叩关耀武扬威时，曾要求日本政府提供二百只鸡和六十头牛。当日本人终于弄明白佩里叽里哇啦半天要六十头牛原来是用来食用时，不由勃然大怒，明明惧怕但还是吼出了："牛乃吉祥仁兽，尔等竟欲食之，だめ（不行）。"美国人最终无奈，只好以鱼肉充饥，不久撤舰悻悻而归。虽然悻悻而归，但并不代表西方人放弃了逼日本开放，佩里叩关不久后，德川幕府就被逼开国了。

正逢此时，"东方红，太阳升"，东瀛出了个睦人（明治天皇）兄，明治天皇废掉幕府，一切向西看齐。著名的"明治维新""明治西化"隆重出炉。随后，明治大帝于1871年派出了以岩仓具视为特命全权大使，大久保利通（大藏卿）、木户孝允（参议）、伊藤博文（工部大辅）、山口尚方（外务少辅）为副使，共48人的考察使团。考察团历时近两年，先后考察了美、英、法、比、荷、德、俄、丹、瑞典、意、奥地利、瑞士十二国。见识了西洋人的人高马大兵强体壮，伊藤博文等人回国后上奏明治天皇，请求允许国民"食肉健体"，这里的"肉"即指西方人普遍食用的牛肉。此奏深合明治天皇圣意，于是明治天皇下旨允许国民食肉健体，并亲自在宫内带头吃起了"牛锅"。这个"牛锅"即传至今天的"すきやき"（日语汉字写作"锄烧"），也就是我们所称的"寿喜锅"。

一时间，江户城内牛锅店如雨后春笋般冒出。当时有一位作家仮名垣鲁文写了一部滑稽小说《安愚乐锅》，曾一时热销坊间。"安愚乐"，即"盘腿坐"之意，日语汉字也写作"胡坐"，所以，"安愚乐锅"即"盘腿坐着吃牛肉锅"之意。《安愚乐锅》很大众，描写的是牛肉锅店里形形色色的小市民的生活琐事，读来颇有我们民国文风。而牛肉锅之所以在当时的江户火起来，据说也是因了此书中的一句"不吃牛肉就是不开化的家伙"之故。自此，托皇上洪福，江户到处都是牛锅店，一般庶民也终于守得云开见月明，可以堂而皇之吃牛肉而不用担心被"杖百"了，兽肉屋也再不用偷偷摸摸把牛肉当药卖了。为了不被人视为腐朽，讥为不开化，当时的江户城是人人争吃牛肉锅，力争既补身又健脑，成为开明人士，似乎浑忘了牛乃"仁兽"之说……

著名作家远藤镇雄的随笔集《东京风俗探访》里有篇文章就叫《牛肉店》，读下去我不禁莞尔。这家牛锅店为了招徕顾客，做了一个广告，内容大体是这样的：牛肉锅这剂良药，是一肉医十病，千功万能。吃百帖苦药，不如吃一锅牛肉，而且制法简单，无论是煮、烤还是腌制，都能入药。一匙肉，能延长老人家一寸寿命；一锅肉，能医治书生缺乏健康的身体，常吃牛肉，还能让女性保持百年亦妙龄。啊啊！牛肉，你是不老的大药；啊啊！牛肉，你是不死的良医；牛啊！你以徐徐缓缓的个性，却养育了活活泼泼的人类，如果不是你养育了我们，我们会立即失去文明，一个国家如果失去了文明，那么，世间也就不会有开化，所以说，开化之德，可以说是由你而来……云云。后面还有，但鸡皮疙瘩真起来了，就此打住。

江户人普遍开始吃牛肉后，牛肉在主要都市部销量剧增，那么，这就产生了问题，一是和牛的数量急剧减少，二是牛肉的质量与牛肉店吹嘘的出入太大，于是，打那以后，日本人就以他们特有的认真、细腻开始了对牛的改良研究。

为了优化品种，先是在明治三十三年（1900 年）由日本农商务省引进外国牛，与日本牛交配以改良和牛品种。功夫不负有心人，至大正初期，这被日本人称为"国产牛"的杂交牛，无论体格、发育、早熟性还是饲料效率以及泌乳能力都有了大幅提高。大正以后，日本人和牛再接再厉，继续不停地杂交改良，终于在昭和十二年（1937 年），杂交牛"黑毛和种"面市。而到了 1953年，已经有三种杂交和牛了，它们就是"黑毛和种""褐毛和种"和"无角和种"，1954 年，又追加了一种"日本短角种"，所以，现在一般意义上所说的"和牛"，应该是指这四种牛之间杂交而生的新杂种牛。

就犹如日本拿来他国文化然后融入和文化使其变成日本独有

的国风文化一样，日本引进外国种牛，经过与和牛不断杂交、提升品质，最终出了日本独有的"国风牛"，即现代意义上的和牛，其中90%以上都是"黑毛和种"，因此"和牛"也被统称为"黑毛和牛"。另外还有一种被称为"国产牛"的牛，是在上述四种牛之外在日本饲育三个月以上的外国牛。原来，受日本流通业的自主规制和农林水产省的指导制约，外国牛想作为和牛在日本市场上流通在事实上是无法办到的，怎么办呢？日本人也有辙，学咱把普通的湖蟹放入阳澄湖洗个澡，然后就以阳澄湖蟹名义卖出去的办法。不过，日本人认真，不敢只给洗个澡就当和牛卖，而是让外国牛泡澡，而且至少泡上三个月，有了点日本味儿后才能在市场上流通，如此，才勉强理不直气不壮地给这类牛起了个名叫"国产牛"，不懂的人只看"国产"二字，以为那是和牛了，实际上那只不过是商家的销售策略而已。必须承认的是，这些牛确是长期吃着日本草享受着和牛的饲育待遇，所以算是有日本味的牛了。除去上述这几种牛，其实在日本还是有着真正的短腿黑毛纯种和牛的，只不过已经非常少了，而且据说真正纯种的和牛肉明显不如杂交牛肉好吃。顺便说一句，据《日本兽肉食的历史》记载，日本牛最初是由中国传来的，由此看来，貌似真正的原始的和牛还是出自我邦。

给"黑毛和牛"定性后，日本人精益求精，开始设法优化日本牛的肉质。当然，给牛提供舒适的生活环境那是必需的，日本的牛养殖场宽敞明亮、空气清新，活动牧场更是蓝天白云、绿草如茵，如此环境，牛想发点牛脾气都难。而在牛的饮食上日本人也是煞费苦心，比如，据说大名鼎鼎的松坂牛，为使其肉质嫩滑、肥瘦均匀、纹理分明，就有定期享受按摩和饮啤酒的待遇。不过，想象着日本人温柔地给牛按摩、喂饮啤酒，目的却是使其油脂分布均匀以利宰杀食用，就有点不寒而栗。除此，日本牛平时的食料也是稻壳、麦秆等制作的营养丰富的饲料。日本人还根据各地不同特色培育出了近江牛、但马牛以及飞驒牛、神户牛等鼎鼎名牛。其实，在日本即使并非名牛的普通国产牛肉与欧美、澳洲、新西兰等国牛肉相比，也不知好了多少。

日本牛肉是好吃，尤其是犹如雪花般的霜降牛肉，涮起来的那种入口即化的美妙感觉，煎霜降牛排给味蕾带来的那种香而不腻的享受，让人对霜降和牛赞不绝口。和牛饲养主为了让牛肉长成纹理均匀、清晰的霜降状，必须增加被日本人称为"傻西"的雪花点状的牛脂肪（和牛价格取决于"傻西"的含量）。如此，在牛出生一年半后，用几个月时间，控制投喂含有维生素的牧草等，给牛多吃谷物，牛迅速肥胖起来，脂肪增加。这种饲育方法直接导致牛视力低下，严重者甚至成"瞎牛"，而且，因缺乏维生素牛的腿关节浮肿疼痛，难以步行、站立。因此，日本养牛场另一大重要工作就是严把饲料关，力争在牛尚能行，霜降也长到

松阪霜降牛肉

恰到好处时出栏，否则抬着一头病牛去卖，不要说赚钱，搞不好还要赔钱的。牛不能言，其心可怜……

不过，无论日本和牛在发展过程中有多少令人惊诧、钦佩的事情发生过，今天的日本牛早已扬名海外成为日本人的骄傲，这是不争的事实，不但日本人以能吃到和牛涮锅、霜降牛排而沾沾自喜，西方人也都把大快朵颐和牛肉视为来日观光的一项主要内容，在我邦的"日料"店里，国人也以能吃上一回正宗的神户牛、松坂牛等名和牛而津津自得，这从一个侧面说明了日本牛在世界范围确实已经牛到了以"和牛"为贵的程度。

三、菜蔬也精彩

大根、大根

日语里的"大根"，说的就是我们的白萝卜。日本人自己说大根之所以叫大根，是因为它形象既长又大之故，但据我所知，最古老的辞书《尔雅》里就有"葖（tu）"的记载，"葖"即萝卜，东晋郭璞注释为"紫花大根"。这种叫法在自家虽未能流传下来，却于弥生时代随着萝卜传入日本而被日本人叫开了。平安中期的学者源顺编纂的《和名类聚抄》里始有"大根"的汉字记载，而《和名类聚抄》的编写模式主要就是受《尔雅》影响，如此，"大根"叫法的真正出处也就显而易见。

日本人种大根种到江户时期，北至北海道，然后整个关东地区，再到鹿儿岛，尤其是江户近郊的板桥、浦和、三浦半岛以及练马等地区就遍地都是了。在既长又大方面，与在东北被称为"绊倒驴"的大白萝卜相比已经青出于蓝。非但如此，日本人还种出了世界第一重第一大的樱岛大根、世界最长的守口大根，其中，尤其以练马大根最为有名，"绊倒驴"在日本被彻底发扬光大。

　　我国自古有"冬吃萝卜夏吃姜，不劳医生开药方"的俗语，这是因为萝卜含有丰富的如维生素、淀粉酶、粗纤维、糖分、蛋白质等营养成分，并由此具备促进消化、增强食欲、加快胃肠蠕动和止咳化痰的作用。

　　大根适于生食、煮、炖、炒、炸等多种料理方法，尤其是它的可以由头吃到尾，正契合日本长寿饮食法中的"一物全体"观念。所谓的"一物全体"，就是对每一种食物都要吃得完整。大根就要连叶带根一起吃，才能吃到它完整的养分。所以，素来重视健康的日本人变着法儿地琢磨大根的吃法，大根料理在日本可谓花样翻新层出不穷，商家投人所好，一般的超市也都把它摆在门口最为醒目的位置。

　　那么，日本人是怎样料理大根呢？岛国人的细致、细腻也体现在这料理大根上。他们将其分为四部分，叶子、根部的上部、中部和下部。叶子含大量矿物质，早餐的味噌汤里如果放入几片萝卜叶子，酱汤不仅味美而且利于健康。除此，日本人还把萝卜叶子用盐水稍微腌制，制成淡淡的咸菜，夹几片配在米饭上，吃饭时那赏心的白绿相间，有若蓝天碧水般悦目且开胃宜体了。

　　根部的上半部，水分多糖度高而辣度小，宜于生食，因此，

浅渍咸菜拼盘

日本人多把这部分切丝制成色拉来食用，无论是用蛋黄酱调拌还是以专用浇料搅拌食用，都清爽可口，不过，好杯中物者，就似乎有一种不来杯清酒对不起凉拌萝卜丝之感。说到适合日本清酒，刺身当然是无出其右的了，而刺身就离不开这甜丝丝脆生生的萝卜丝相配。一盘由金枪鱼、鱿鱼、贝类组成的刺身拼盘是注定要下衬白萝卜丝、紫苏、海草等绿叶的，这时的白萝卜丝，不仅是陪衬，它可还担当着给味蕾去腥的角色，其重要程度从其被日本人戏称为"刺身的老婆"就足见一斑。

　　日本人吃鱼，首重生食，烤则次之，去居酒屋喝酒，吃罢刺身，总要点上一条烤鱼的，吃烤鱼就也要搭配上大根，只不过不是制成丝的大根，而是磨制成泥状，即萝卜泥，一般是装在锡纸

居酒屋前菜拼盘

制成的小碗内摆在盛放烤鱼盘子的一角，吃时浇几滴酱油上面，一口烤鱼，吱儿的一口清酒，这时来上一口萝卜泥，那种味蕾的美妙食感，真可说是人间至味莫过于斯也，想不佩服这美味的绝妙搭配都不成。而萝卜泥还不仅仅限于吃烤鱼时使用，吃天妇罗时，把萝卜泥放入汤汁中蘸天妇罗吃，蔬菜过了油，但却不腻，清香、清淡而又可口益身。日本人吃牛排、牛肉饼等西餐时也匠心独运地配上一撮萝卜泥，如果再浇上和风汤汁，那一道和式铁板牛排就妙不可言了。

吃罢上部吃中部。大根的中部，无论是甜度还是辣度都是最适中的一段，特别适于煮、蒸、炖等料理方法，在日本最常见的就是把这段大根用在"御田"（一种加入了鸡蛋、魔芋、香肠等的杂煮，日文写作"おでん"）上，现在国内的便利店里也常见这种日式杂煮。肚子饿了，去便利店买上几串"御田"，一定不要忘了鸡蛋和大根，冬日里一块煮得烂烂的大根，趁烫嘴的时候吃下，再来一个煮了一天的类似于我们茶叶蛋的鸡蛋，最后以"御田"汤汁送下，那份惬意，那份满足，出了日式便利店是很难享受到的。日本"关东煮"也离不开大根，其实，关东煮就是"御田"的升级版，类似于我们的炖菜，是以海带高汤做底汤，然后加入海带、百叶结、鱼丸、豆腐、魔芋和大根、肉类等一起煮，味道浓浓的特别适于冬季食用，如果喝酒，以配日本烧酒为佳。日本人做"角煮"（红烧肉）也用大根，把五花肉、竹笋片和大根块一起用酱油炖到烂乎乎的透出茶红色，夹一筷头颤悠悠肥而不腻入口即化的红烧肉咀嚼，然后再来上一块入味的大根，配上一碗白米饭，包你美得物我两忘的了。

至于大根根部，是纤维最多也是最辣的部位，而且水分糖分都少也不脆生，喜清淡的日本人嫌其味烈，因此多把这部分以炒、炸为主，这有点故意去大根味的感觉了。

日本人的大根料理还有一种是值得单提一笔的，那就是用大根腌制咸菜，最主要的就是一种叫"沢庵"的腌制法，制法是把晾干的萝卜一根根码在木桶里，然后放入盐和米糠，最后上面压上石头，这法儿有点类似于我们东北腌酸菜，传说是江户时期东海寺和尚"沢庵"创制的腌制方法，故此，这种萝卜咸菜在日本被称为"他哭完"，日文汉字就写作"沢庵"，是日本人平时不可或缺的下饭菜。但个人感觉吃起来甜甜的哏哏的很难嚼烂，不脆生，故不喜。倒是还有一种腌萝卜叫"浅渍"

的，就是把大根切成片状放进盐水里浸泡一夜即食，酒馆里叫它"新香"，倒确实名副其实，清香且脆，既合清酒也易下饭，每见必点。

大学地瓜

这不是噱头，没听说过哪家大学教种地瓜，也没听说过地瓜和大学有什么特殊关系。但日本就有"大学地瓜"这个称呼存在。其实这就是一道所谓的日本菜，日本人叫它"大学芋"。这里的"芋"日语汉字写作"萨摩芋"，据说因这种"芋"是由古琉球王国传至"萨摩国"（今鹿儿岛地区）而得名。就是我们口中的红薯，北方人多称"地瓜"。不过，红薯也罢，地瓜也好，都是番薯（番薯最早种植于美洲中部，由西班牙人带入东南亚，于明朝后期万历年间传入中国，故曰"番薯"）的别称，但因红薯近似学名，因此我就把这道所谓的日本料理直译为"大学地瓜"，那么，这道菜到底是因何得名？它又是怎样的一道菜呢？

考证了一下大学地瓜的由来，结果却发现这小小的一道菜，居然有着诸说存在。

第一种说法，因大正时代 (1912～1925) 至昭和初期，在东京都神田区附近（学生街）的大学生非常喜欢吃这种制法的红薯而得名。

第二种说法，因昭和初期"帝国大学"（现东京大学）的学生为筹措学费，在课余制作并卖这种红薯而得名。

第三种说法貌似很靠谱，"大学芋"的专门生产厂家——台东冰业资料显示，当年在帝国大学的"赤门"（现东京大学正门红门）前，有一家叫作"三河屋"的店铺用糖蜜搅拌红薯销售，一下子受到大学生们热捧，也由此，这种红薯就被称作大学芋。

第四种说法，是昭和初期在早稻田大学附近的高田马场出现了这种拌蜜红薯的食品，一时间，成为穷大学生们的追捧对象，故而得名。

关于大学芋到底是一道什么菜，其实在日本也是说法不一，有的人认为它就是一道甜点；也有的人说这应该算是一道菜，不过，从大学芋的做法来看，我认为说它是一道菜还是比较靠谱的。一般来说，日本人制作大学芋时，先是把红薯切块，然后放入160度左右的油里油炸后晾干，接着再把水、砂糖（有时也用水糖和蜂蜜涂抹）、酱油、醋一起放到锅里小火加热并搅匀，使其颜色变至具有黏性的焦糖色，再将凉好的红薯倒入锅里，快速翻炒至全部都蘸上焦糖后立即停火，然后在红薯表面撒上适量的芝麻，装盘成菜大功告成了。

看了这道菜的做法，我们会有一种恍然的感觉，说穿了其实就是我们口中的"拔丝地瓜"或"地瓜挂浆"。日本人不说，但我们能查到，1912年（明治四十五年，也是大正元年），在日本出版了一部有关中华料理的小册子，其中就有"蜜溅红芋"这道菜的记载，用我们的写法就是"蜜饯红薯"，也就是今天的"拔丝地瓜"或者"地瓜挂浆"。

如此说来，这大学芋的由来应该还有一种说法才对，那就是传自中国，而且这应是相当靠谱的一种说法，只不过在日本饮食资料里都找不到而已。其实，传自中国的很多东西，日本人加入一点和风元素，就变成了日本造，正如这道"拔丝地瓜"，日本人往上撒点芝麻，就变成了他们发明的"大学芋"。芝麻，就是这样为日本人开门的。

日本山葵好在哪儿

　　说日本山葵真的好吃，是因为吃过了国内的不大对味儿的山葵。山葵，也即我们口中的"日本辣根"或"绿芥末"，至于"山葵"这两个汉字，无论中日都只是作为学名使用。在日本，超市的蔬菜价目表上一般以平假名"わさび"（音若"瓦傻币"）代之。"山葵"并不是"わさび"最原始的汉字名，位于奈良县明日香村飞鸟京迹出土的公元685年（白凤十四年）的木简上记有"委佐俾三升"，据考证，这个"委佐俾"就是山葵最初的汉字。至于"山葵"的称法，则是在718年（奈良时代）的"赋役令"中首现。在醍醐天皇时期（901—923年）的药物辞典《本草和名》里，称其为"和佐俾"。"委佐俾"和"和佐俾"日语发音都是"瓦傻币"，这也许就是平假名"わさび"的由来。不过现代日本人主要使用平假名"瓦傻币"的表记法，至于"山葵"，年轻人已基本不知其为何物了。

　　山葵，因其具有杀菌功能，在日本自古以来都是作为药用的，即使今天，山葵产地的人们也习惯用它来作临时消毒用。室町时期，山葵虽已作为食用，但被定性的还是"药味"。山葵真正作为食用而被广泛使用则是在江户时代随着寿司、荞麦面等的普及而开始的。至今天，包括寿司、刺身、荞麦面、茶泡饭、盖浇饭等，都已是无"瓦傻币"而不欢了。下面就介绍一下山葵的妙用。

在国内一般认为山葵与芥末味道差不多，为区别之，则把芥末称为黄芥末，而把山葵称为绿芥末。其实，山葵是用山葵根部、茎部磨成面后制成的类似膏状的一种香辛料，而芥末是由芥末豆磨成面制成。两者最大的区别不在于颜色，而是山葵还有着淡淡的香气散发出来，尤其是在日料店吃凉荞麦面时，如店家配给一小段山葵让食客自己磨成末儿放入荞麦面汁里，然后蘸上在冰块上面竹垫里冰镇着的荞麦面条，入口那种冰凉、润滑、清香，再加上微微刺鼻的辣味，那份美妙的食感，真乃是炎炎夏日最美的消暑午餐。

正因为山葵有香气，而为了防止香气外泄，所以，一般习惯上日本厨师在制作寿司时，都要把山葵夹在米饭和生鱼片之间，刺身虽没地方夹，但正确的吃法是把山葵夹上一点放在生鱼片上面，然后在生鱼片底部蘸点酱油食用，这样，酱油的酱香味、刺身的鲜味、山葵的香辛味就都能逐一品味到。尝见国人吃生鱼片时把山葵夹一筷子放进酱油中搅拌后，来一大片刺身，在山葵酱油中打几个滚放入口中大嚼的吃法，那基本就是大碗酒大块肉的梁山好汉吃法了。

山葵还有多种食法，比如，黄瓜丝凉菜拌上点山葵，那叫辣得一个爽；用炸好的章鱼片蘸上山葵膏和蛋黄酱，则是小朋友们的最爱；意大利面里来上那么一点山葵膏，你就会领略到完全不同于"塔巴斯哥辣酱"（Tabasco）的别样风味。其实日本超市也卖很多掺入山葵制成的脆饼干、薯条等，吃起来口感还真就不是一般的"一级棒"。

我对山葵也是情有独钟，用一句话赞赏："辣得爽，还治鼻塞。"辣得爽那是说山葵不像辣椒，吃到嘴里，会与你的舌头爱得死去活来，缠绵不绝。而山葵入嘴，正似来如急雨去若骤风，辣过就算，感觉就比辣椒大蒜辣得舒爽，而且不留异味，虽然说能治鼻塞，其实不过就是在鼻子堵时来上一口它，能立马打个喷嚏痛快一下鼻子而已，不治本。

日本豆腐不是日本豆腐

随着日料在国内的火爆，一种被称为"日本豆腐"的豆腐也受到了人们的热捧。之所以称之为日本豆腐，那是我们把它称为日本豆腐的。听起来像绕口令，但确实就是这么回事儿。因为在日本，日本人是不称其为日本豆腐的，而是叫它"玉子豆腐"。"玉子"在日语里就是"鸡蛋"的意思，顾名思义，所谓的"玉子豆腐"，其实就是以鸡蛋为主原料制成的豆腐。因为日本也有与我们相同的豆腐，也许是为便于区别吧，我们就把这种以鸡蛋为主原料制成的日本的一种特色豆腐美其名曰"日本豆腐"了。

毋庸置疑，豆腐是我们老祖宗发明的。据《本草纲目》记载，公元前 164 年，汉高祖刘邦之孙淮南王刘安在安徽省寿县与淮南交界处的八公山上烧药炼丹的时候，偶然以石膏点豆汁，从而误打误撞发明了豆腐，不过这一说法因无实证，所以目前尚存争议。

日本人凡事追根究底，他们认为，在公元 6 世纪出版的号称"中国第一部农业百科全书"的《齐民要术》里居然没有关于豆腐的记载，以此推论，当时中国尚无豆腐。而在公元 10 世纪时，陶谷所著的《清异录》中有了"为青阳丞，洁己勤民，肉味不给，日市豆腐数个"的记录，由此，日本学者认为豆腐应该是起源于唐朝中晚期的八九世纪，这样说，就和豆腐传到日本的时期相吻合了。因为在日本虽然有遣唐和尚空海把豆腐带回日本之说，也有镰仓时代的归化僧把豆腐带入日本之说，但更多的日本人还是相信豆腐是在鉴真东渡成功的 754 年随其一起传入日本的。不过，与日本人不大相信我们在汉高祖时代就有了豆腐一样，日本人说他们在平安时代就吃上了鉴真大和尚带来的豆腐也是口说无凭。直到 1183 年（寿永二年）才在奈良春日若宫神主中臣佑重的日记中发现了"唐符"的记载。1239 年，在日本著名的大和尚日莲上人的书信中发现了"suridofu"的记载，这被认为可能是一种豆腐。等到了 14 世纪，日本文献中开始多次出现"唐符""唐布"等表示豆腐的单词，至于"豆腐"一词，是直到 1489 年才出现在日本的文字记载中的。

豆腐刚传入日本的时候，也是只有贵族和僧侣才能享用的，当时还被称为"白璧"。从镰仓时代才开始渐渐传入民间，室町时期豆腐在民间得以普及，到了江户时代已经满街都是"豆腐喽！大块豆腐喽"的吆喝声了。1782 年（天明二年），篆刻家曾谷学川出版了一部名为《豆腐百珍》的食谱，介绍了一百多种豆腐的烹饪方法，可见江户时代豆腐之兴盛。也是自那时起，豆腐还和文学结了缘，正如用"拿根乌冬面吊死算了"调侃人一样，"用豆腐角撞死算了"也成为江户人讽刺那些愚不可及的人的调侃用语。此外，在落语（相声）中、妖怪小说里，豆腐也时不时地登场献艺。与我们一样，日本人也很忌讳一些字与词，比如豆腐的"腐"，因有腐败、腐烂、腐朽等意，为避讳，日本一些地区还把豆腐改作"豆富"，但读音还是一样的。

闲言少叙，这豆腐在江户时期得到了空前的发展，为区别于传统的与我们相似的棉豆腐，江户人又发明了一种"绢豆腐"，因其水分稍多于棉豆腐，细腻滑嫩如绢而得名。令我们不得不佩服的是，发明绢豆腐的这家叫作"笹之雪"的有 320 年历史的老店，至今还在东京台东区的根岸附近营业着……

此外，除去主要的棉豆腐和绢豆腐，日本人还发明了坚豆腐、软豆腐、高野豆腐、充填豆腐等，这之中也包括了玉子豆腐。1785 年出版的《万宝料理秘密箱》中的《玉子百珍》里详细记述了玉子豆腐的制法。而今天，这种玉子豆腐也随着日本料理一起进入了中国，并被大家所喜爱。可以说日本豆腐（玉子豆腐）是由日本传入我国的，这没错。不过，追根溯源，日本的玉子豆腐还是我们古代传入日本的豆腐被日本人发扬光大再创造有了独自的特色后又"逆输入"中国的。因此，从真正的意义上来说，它也是真正的日本豆腐，不过是和我们有着一点"剪不断理还乱"的关系而已。最后，我想强调的一点是，今天的日本豆腐，无论是棉豆腐还是绢豆腐，抑或是玉子豆腐等，整体质量都高出中国不止一筹，那是真真正正的"美味しい"（好吃）。

纳豆的由来及作用

　　纳豆，看上去就是黄乎乎、黑黢黢的发霉物，闻起来是臭烘烘的令人作呕，第一次吃也是滑腻腻、黏稠稠，和鲜美根本就不搭界。可谓色、香、味俱不全，就和我们的南北臭豆腐有得一拼，不过，真正喜欢上了它，那也犹如我们爱臭豆腐一样，是别有一番"臭味儿"在"舌头"的。

　　纳豆在日本可谓历史悠久，来源就有诸说存在。最久的是在弥生时代，据说当时的倭人已经知道用稻草扎捆来储存食物，大豆包在稻草里，因稻草上附有自然而生之纳豆菌，黄豆在里面发酵，最初的纳豆就产生了。除此之外，还有奈良时代圣德太子用煮过的黄豆喂马，多余的就用稻草包起来存放，偶然间形成了纳豆之说。也有说是平安时代后期的著名武将原义家打仗时，命百姓提供马饲料，结果，马吃剩下的包在稻草中的煮豆子过几天后居然飘出了香味，义家尝之，大赞"熬姨戏"（好吃），即命作为

纳豆

随军储备粮食而用，纳豆由此而隆重诞生。

以上诸说因无文字记载，均不足以为信。但日本人极力宣扬这些说法，那不过是为了证明纳豆乃日本人发明而已。其实最有力的一种说法还是"唐纳豆"之说，《语源由来辞典》就记载："纳豆是在奈良时期由中国传入日本寺院，唐称其为豆豉。"日本《和名抄》里就有"豆豉"之记载。之所以在日本其称呼变为纳豆，那是因为豆豉传入日本寺院后，是在寺院的"纳所"（类似于厨房仓库）所制。取其"纳"与汉语音之"豆"，就组合成了今天的"纳豆"。平安时期藤原明衡《新猿乐集》中有日本史上第一次关于"纳豆"的文字记载。当时还称其为"寺纳豆"，或"唐纳豆"。所以，看起来由唐代的豆豉传来之说，还算比较靠谱。

纳豆制作并不复杂，传统制法不过是蒸过的黄豆包以稻草，再以 40 度左右的温度保温一天左右，稻草上的纳豆菌就转移到黄豆上，使其发酵形成纳豆。对照我们古时豆豉的制法，就会发现其操作手法如出一辙。今时的制法也简单，日本人干脆直接以人工培育出的纳豆菌注入蒸豆中，然后装入泡沫制的小盒中封严保温，促使纳豆菌增殖发酵即成矣。

　　在日本说起纳豆，一般就指两种：一种是过去的"寺纳豆"，即"盐纳豆"，也就是由唐代传来的豆豉衍化而来；另一种则是指日本人现在每天食用的"黏丝纳豆"。日本人吃黏丝纳豆很讲究，搅拌时据说要同一方向，如果中途改变方向反向搅拌，味道就会大不一样，而且搅拌次数也会影响到纳豆的味道。日本人做过实验，结果显示，搅拌400次的纳豆口味最佳，但一般人还真就做不到，统计显示，一般来说，大都是搅拌200次就为最多了。搅拌完后，在夹起纳豆食用时，还要用筷子在黏丝抻长部分快速画圈以截断它们，连纳豆带黏丝全往嘴里扒拉，那会被嘲笑吃法不正宗，落了档次。走进正早餐中的公司食堂，老远就能看到日本人都在下巴前用筷子划拉着，煞是一道整齐的风景线了。把纳豆搅拌好倒在米饭上与米饭一起食用，日本人认为那是最高的享受了。除此，日本人还想方设法把他们钟爱的纳豆吃法多样化，如撒上葱花和弄碎的干海苔或打入生蛋黄拌入绿芥末等等，制成小小下酒菜来晚酌。当然今天的纳豆味噌汤、纳豆饼、纳豆乌冬面、纳豆炒饭也都是日本人的所爱。如果去有名的纳豆产地水户，还可以吃到当地特色纳豆冰激凌，由以上这些食例足见纳豆在日本人生活中所占的分量了。

那么，纳豆为什么如此深受日本人喜爱呢？吃纳豆对人体又有哪些好处呢？

日本古时候就有"納豆時に医者要らず"（吃纳豆时不需要医生）的俗语，可见，古代日本人已经知道了纳豆的医用价值。根据日本医学界的总结，纳豆所含的维生素K2，不仅对老年人的骨质疏松能起到改善作用，维生素K2对骨质形成所具有的促进作用还非常有利于婴幼儿的成长，因此，纳豆还被日本政府定性为特定保健食品，让婴幼儿多食纳豆以利成长。

江户时代成书的《本朝食鉴》记载，纳豆还具有杀毒整肠的作用。因为纳豆菌能适应胃酸的环境，纳豆虽然被吃掉了，但纳豆菌在人体内却可以存活一周左右，并随着消化系统由胃部进入肠道，而其产生的吡啶二羧酸，就可以有效杀灭肠道细菌。所以食用纳豆对便秘、肠炎、腹泻和润肠等亦有很好功效。据说纳豆菌还可以促进解酒保护肝脏，所以男士常吃也是有好处的。

近年来，纳豆在国内也流行开来，但似乎国内食用纳豆的以女性居多，据传是因为食用纳豆有利于美容，这倒不是言过其实，纳豆所含的"激酶"确实可以缓解毛细血管里的血栓脂肪，从而改善人的面部光泽，脸有光泽，自然容光焕发，那绝对是女士们梦寐以求的效果，如此，也就难怪女士们争相逐"臭"钟爱纳豆了。

纳豆本源于中国，中国有关纳豆的记载直可上溯至汉代，可惜两千多年过去了，今天，还是日本人让我们重新认识了纳豆，日本也终于如愿以偿，使纳豆最终作为日本食品反输中国。据说江户时期，纳豆发展最快，满街都是三寸丁谷树皮们挑担吆喝"纳豆！纳豆"的声音。目前，纳豆也已经在国内二、三线城市流行开来，若照此速度发展下去，等传入中国乡镇地区后，是否大街小巷也会传来"纳豆！日本纳豆哟"的吆喝声呢？

味噌·味噌汤与健康

要说味噌汤是什么东西，首先要知道味噌是什么东西。味噌，即我们口中的大酱。"日本味噌"也就是"日本大酱"的意思。

制作味噌的主要原料有黄豆、大米、大麦等，味噌就是由以黄豆等为主的原料加入盐及不同的种麹发酵而成。由此，味噌的种类如果以原料来区分就有豆味噌、米味噌和麦味噌之分，其中以大米为主原料的米味噌市场占有率最高；如果以颜色来区分，则又有赤（红）味噌、白味噌之区别，至于味噌颜色的深浅主要是受制麹时间长短影响，制麹时间短，颜色就淡，制麹时间长，颜色就深；如果按口味来区分，味噌则可分为咸味和淡味两种，一般来说，日本关西一带的人偏向淡味味噌，也就是白味噌，而关东地区则偏好赤味噌，即偏咸口味的味噌。

在日本，关于味噌的由来有两种说法，一种是中国传来说，一种是日本独创说，不过总体来讲，日本人大都还是认可味噌乃日本独创这一说法的。因为据史料记载，日本人毕竟在绳文时代就有了利用盐来腌制食品的记录，还在弥生时代的遗迹里发现了盐藏谷物的痕迹，更是在古坟时代发展出了麹发酵的技术，而到了奈良时期，文献中已开始出现"末酱"即味噌的记载，接下来又有"美苏""味酱""味曽"等称呼相继出现，直到最后演变为味噌，整体看上去就给人一种有着一整套的演变过程存在的感觉，因此，味噌乃为日本独创之说还是蛮站得住脚的。

味噌的使用方法有很多种，比如在炖鱼、肉、蔬菜时加入味噌，菜的味道更佳，尤其以味噌为底料的火锅更是味道鲜美。近年来，随着旅日国人的不断增加，一种日本味噌的中式吃法也被带到了日本，那就是"大葱蘸味噌"，也即国内的"大葱蘸大酱"之翻版，日本人因顾及异味很少吃生葱，看着我们大葱蘸味噌的吃法直咧嘴。

至于味噌汤，即日本人口中的"味噌汁"，则是由味噌和红萝卜、白萝卜、菌菇、海带、豆腐、鱼、蛤蜊等熬制的一种酱汤，是日本人食桌上不可欠缺的一道汤菜。

据说在室町时代味噌得到了极大的发展，味噌汤也就是那时候正式成为一般日本人食桌上的拌饭汤菜，而且因味噌汤有预防中暑的作用，在室町时期味噌汤还成为两军对垒时的"阵中食"。室町时代大名之间的战争主要是将军对阵拼杀，基本上没士兵什么事，因此，对阵的两军士兵就在将军的拼斗中吃午饭，就着米饭稀里呼噜地喝味噌汤，即所谓的阵中食，只不过那时的味噌汤不过是用地瓜茎、叶等与味噌一起熬制的酱汤而已，远没有今天的味噌汤内容之丰富。对日本史料上关于两军对阵大将拼杀士卒吃饭喝酱汤的记述，我是持怀疑态度的，怎么琢磨都感觉画风不大对劲嘛！

到了江户时期，日本人渐渐日子好过了起来，基本上普遍过上了每餐"一汁一饭"的生活，这"一汁"就是味噌汤。发展至今，无论是怀石料理，还是会食料理抑或是我们家庭的"三菜一汁"，虽然也有其他如清汤、蛋汤等存在，但一般来说，料理中的"一汁"指的就是味噌汤。

至于为什么日本人那么喜欢喝味噌汤，固然有自古传下来的饮食习惯使然，今时味噌汤的美味也是没得说的。更重要的是，随着医学的发达，日本人认识到了味噌汤对身体健康的良性作用。比如1981年日本癌症学会就发表了调查报告，宣布味噌所含的脂肪酸对能引起癌变的病菌有抑制作用。他们的调查还显示，常喝味噌汤的人胃癌的死亡率远低于不常喝味噌汤的人。我不是医生，自然没有药用方面的发言权，我以为，喝味噌汤的效果如何还是看各人体质。不过，日料配味噌汤绝对一级棒是没错的。

1999年，广岛大学原子弹放射线医学科学研究所的伊藤明弘教授通过动物实验证实，味噌还对放射线有防护作用，这使得关东大地震时深受放射能危害的关东地区的人更是对味噌汤青睐有加。此外，东京工科大学应用生物学部美科学研究室的前田宪寿教授的研究结果还显示出，由味噌抽出物与其他产品配合制成的酵素，对皮肤的保湿作用明显，因此，味噌还成为女性的美肌用品。我同样没有用过女护肤品，自然也无从知道它对美容的真实效果如何，在我一老饕看来，它足够美味就足矣。味噌自古以来是日本人家作为妈妈拿手菜的首选菜品之一。

其实，这些研究只是对日本人自古就知道的吃味噌有利于健康所做的医学注解而已，因为早在江户时期出版的《本朝食鉴》里就已经有了味噌是"杀医生"之食品的说法，其意即吃味噌不得病，自然也就用不到看医生了。

如此看来，味噌有如此多的益处，人们自然喜欢喝味噌汤了。

大年初一早上吃杂煮

日本人过年有吃杂煮（年糕汤）的习俗，而且在过去，那是要从元日起，连吃三天的，是指早餐。不过现在的日本人，过年连吃三天杂煮的已不多见。但元旦早餐吃杂煮，那倒还保留着"必需的"传统习俗。

不喜欢杂煮，原因很简单，不同于我们在年三十大鱼大肉的盛宴和吃饺子守岁，日本人在年三十晚上要吃忆苦思甜的荞麦面来迎接新年到来。这已经"是可忍"了，元日早上接着再来一碗野菜清汤煮年糕，嘴巴直接"淡出鸟来"，感觉就有点太对不起辛苦一年的"胃哥"，那就是"孰不可忍"了。

杂煮，日本人过去叫它"煮杂"，顾名思义，也就是把杂七杂八的诸如胡萝卜、蘑菇、萝卜等与年糕一起放在清汤里煮来吃。据说杂煮起源于室町时代的武士社会，那时的武士们在酒宴开始上正菜前都要先来一碗杂煮，取饮酒前先养胃之意，就类似我们的开胃菜。后来渐渐形成了不先吃杂煮就不能开宴的风习。因是正宴前所食，借其"最初"之意，慢慢地日本人就在每年的一元复始之日，也吃起了杂煮，并赋予了它感谢去年的丰作和祈求在新的一年里丰收、安康等象征意义。

有此好意头，数百年来，杂煮，就被日本人彻底发扬光大，按各地饮食习惯不同，也就形成了各种风格风味，日本人美其名曰"杂煮文化"，杂煮开始被真正煮杂。按地域划分，南部冲绳人受福建饮食文化影响，吃惯了我们的猪蹄、猪舌头、猪耳朵，对杂煮就始终不感冒。北海道原住民过去也不吃，但终经不住本岛的同化，听说最近也开始吃杂煮了。其实真正把杂煮煮了个热火朝天翻陈出新的还是关西关东两大地域。关西人做杂煮以白味噌为汤底料，关东人则以酱油清汤味道为主，其中按饮食习惯，这两大地域又细分出好多种，比如关东，长野县主要以盐味为主；岩手县人的杂煮则要以加入核桃仁才为高级；而新潟地区杂煮里加入的东西则包括咸鲑鱼子、芋头、牛蒡、菠菜、烧豆腐等十种材料，号称"具沢山"（材料充足之意）。关西奈良地区的杂煮，汤底料肯定是味噌，特色是在年糕上弄上点奎宁粉面，以让年糕甜起来，而岛根县的杂煮则是必须用小豆来煮的。不过，关东也罢，关西也好，年糕汤最重要的是必须都要有年糕。一般关西人用圆的年糕，取其"圆满"之意；而关东人据说人多能吃，做圆的不易，就把年糕切成小小的长方块，容易制作，倒也符合了关东人的性格。虽然对年糕汤兴趣不大，但每至年关，喜欢看社区日本人换上和服，头扎白毛巾，弄一木桶、木槌，周围围一大群人，然后两个人像我们打铁那样"哼哟哎哟"打制年糕的场面，看上去就蛮热闹的。总之，用日本人自己的话来说，那就是"日本各色杂煮的碗里，漂浮着的是各地域文化的香气"。

　　不过，我虽也久居日本，但却始终无缘于那杂煮的香气，也尝试过，味道就总是不敢恭维，但毕竟意头好，吃它，是图喜庆讨吉利的事儿。入了乡，自然要随俗，近几年来，元旦早上也就弄上一碗。不过，我是要加上一点辣油和香醋的，就变成了"国味"杂煮，不仅美味，还光大了日本"杂煮文化"！

四、米面盐的学问

把盒饭吃成文化

如果要说日本的盒饭有什么讲究，我认为，盒饭在日本已经形成了一种文化就是最大的讲究。对于我们来说，一般情况下盒饭还只是出门在外为填饱肚子的一种可以将就的快餐，但日本人却把"这份快餐"打造成了一份精致的餐食、一份愉悦的享受。尤其是车站、车上出售的具有各地特色的盒饭，更已成为日本人旅行中的一种企盼、一道不可或缺的味觉体验。

我们所说的盒饭，日本人叫它"弁当"，是由中国古字"便当"而来，其本义是指"便利的东西、方便、顺利"。南宋时期传入日本后，曾以"便道""辨道""辨当"等字表记，后来演变为"弁当"，意为方便的快餐，现在专指盒饭。受其影响，"便当"二字，今时在我国很多地方也已成为"盒饭"的代名词，而在日本用于火车上或车站卖的盒饭则称之为"駅弁"即"车站盒饭"之意。

日本列车盒饭发展至今大约已有百年历史，过去与我们一样，也是在列车停车时，小商贩们沿车窗叫卖饭团等一些简易食品供旅客买用，这应是日本"駅弁"的雏形，后来因受现代车辆不能轻易开关车窗以及列车高速化带来的停车时间短缩等影响，隔着车窗的叫卖渐渐消失，转而由站台或列车上的便当所取代。而正式的駅弁首卖日及车站名虽然有大阪站、上野站和神户站等诸说各种时间存在，但一般以受日本铁道委托，宇都宫白木屋旅馆于1885年7月16日在宇都宫站开通日贩卖的用竹皮包着的"两个饭团加上萝卜咸菜"的简易盒饭为日本列车盒饭的首卖日及地点，这一天也被日本人定为"駅弁纪念日"。

虽然日本"駅弁"历史自明治时期开通铁路以来仅有百余年，但"駅弁"发展可谓迅猛，尽管初期只是简单的饭团咸菜，但到了明治中后期，随着庶民生活水平提高，"駅弁"在追求方便的同时也逐渐开始重视色香味。这一时期，受日本普通盒饭诸如旅游便当、戏剧便当、会议便当等影响，车站盒饭的内容也更加丰富多彩起来。

二战时，这方面资料较少，难以判定盒饭的发展状况，不过战后，日本进入强劲的快速发展期后，盒饭发展也随之进入快车道，琳琅满目的各种鱼、肉、蔬菜等车站盒饭充斥站前便利店和站台上以及列车内。到了今天，像东京站的极附盒饭，以内装煮栗、莲根、魔芋块、大虾、牡蛎和烤鱿鱼天妇罗等闻名京城。还有下关站的河豚盒饭、横滨站的烧卖盒饭、鹿儿岛的猪排盒饭、熊本站的殿样盒饭以及各种寿司盒饭、烤牛舌盒饭、牛肉盖浇盒饭等各种充满地方特色的美味盒饭已成为铁道旅行者们出发前甚至在制订旅行计划时就已经考虑进去的内容。尤其是随着科技的进步，随时吃到热气腾腾而又美味的盒饭已经成为现实，"駅弁"真正成为人们出行的一种特别的味觉享受。更由于美味以及地方特色，"駅弁"早已走出车站而在大的百货公司、超市等拥有了一席之地，人们不用乘车也能品尝。

基于"駅弁"的发展，这种融入四季食材、追求营养以及艺术性的"駅弁"，已经形成了一种文化氛围，从颜值极高的便当盒到勾人食欲的食物，不仅日本人爱之，旅日游人也同样爱之。记得在哪本介绍日本食物的书中曾看到过，一个老美说起自己学会使用筷子的经历，居然是因为在列车上面对那么美好的"駅弁"，觉得如果用刀叉手抓食用，简直就是暴殄天物，是必须要用筷子像模像样地认真品尝，所以才下决心学会了使用筷子。

说到介绍食品的书，在日本的大大小小书店，只要你愿驻足，就会发现有不下数十种的关于便当的图书闯入眼中，模模糊糊记得曾有一本书介绍说，在日本某地建有便当资料馆，里面收集有全国各地 2 200 多个车站的便当资料。看来，"駅弁"文化确实已经成为日本饮食文化的一个重要组成部分。近来，来日本深度游的国人不断增多，真的建议每到一地，一定品尝一下当地的"駅弁"，不仅美味，还可以了解日本各地的饮食文化。

好吃的日本大米

在日本一提到大米，无论是日本越光米（コシヒカリ），还是一见钟情（一目惚れ）、秋田小町（あきたこまち）、绢光（キヌヒカリ）、七星（ななつぼし）等，单单名称就让人难忘，各种大米本身或重视黏度的，粒粒饱满晶莹、颗颗圆润如珠；或适宜制作寿司的；或是饭团专属的；拟或最适杂炊的，等等，可谓各有千秋，各有专属，也难以一一评头品足，总之，就是两个字"好吃"，三个字"贼好吃"。

稻作文化在弥生时代由中国江南传入日本，发展至今，确实被日本人发扬光大到了极致，以至于据说现在来日旅游的国内游客不仅买电饭锅，有些人甚至买大米背回去，倒也是令人叹为观止了。

在网上常见有网友对此嗤之以鼻，扬扬自得地说，中国东北大米才最好吃。是的，东北大米是不错，可东北好吃的大米主要都是当年日本开拓团带过去的种子，甚至20世纪七八十年代，日本还派专家来我们东北指导种植水稻技术呢，算了，数十年过去了，这个不提也罢。

不过说到买日本米回去，我倒是想说几句，因为，对他们的这种做法，其实我是一直不以为然的。为什么这么说呢？那是因为日本的米饭好吃，不仅仅决定于米的好坏，还有电饭锅和水以及日本米的做法等因素存在，正是这些因素的完美结合才能做出米香四溢令人食欲大开的米饭。下面就简单说一下日本米饭的制作流程。

首先，因大米和蔬菜一样，是有鲜度的，因此买回米后一定要保存在密封的容器内，米袋透空气，就会使米渐渐酸化，从而影响米饭的质量，为此，日本人一般是每次买2公斤或5公斤的米，以保证在保持鲜度的时间内食用完。

栗子饭套餐

　　其次，在做饭时，一定要用固定的盛米器皿比如塑料计量器等精确计量用米多少，因为我们都知道，米的多少哪怕是些微差距，也会影响水的用量，而水的多或少，是直接影响米饭的硬软度的，而这恰恰是米饭好吃与否的关键之一。

再次，米准备好了，就进入洗米程序。洗米时要注意的地方很多，比如，把计量过的米放入锅里后，填满水，然后五指呈立起状态搅拌两三次，在此，切记不能用两手搓米，那样不仅会伤到米使营养成分流失，而且会影响米饭的鲜度。此外还要注意不可使用35度以上的水洗米，那样也会影响米饭的鲜度。第一次洗米水吸收得快，所以快速搅拌迅速倒掉。接着，进入洗米的第二道程序，同样用立起的五指插入倒掉水的米中沿容器边搅拌30回，大约用时15秒钟。然后再倒满水按最先的程序再次搅拌两次到三次，快速把水倒掉。此后，就进入洗米的最后程序了，很简单，就是重复第一道程序再做一遍，就算完成了所有洗米程序，在这个过程中要注意掌握整个时间不要超过10分钟。

最后，就是进入炊饭程序了，再次把炊饭器按水位线注水，然后轻摇容器使米均匀地铺陈在水下面，按下炊饭按钮就可以等着吃香喷喷的米饭了。在此，日本人建议，最后炊饭用的水如果能用矿泉水或纯净水，那米饭的鲜度还会更上一层楼的。

日本米之所以好吃，还有一个因素是日本人比较注意米和料理的"相性"（相配）问题，吃什么料理用什么米，比如越光米就很适合和食用，而一见钟情米比较适合西餐，七星则与中华料理的口味比较相合，等等。

综上所述，我个人认为，日本米只有在日本才最好吃，拿回国内，这些做日本米饭的要素很难聚齐，因此，可想味道也肯定是不如在日本吃得美味。

日本饭团的由来

最近，日本网站对首都圈便利店最受欢迎的饭团做了一个排名调查，结果排在前十位的头五名依次是"手卷鲔鱼美乃滋饭团""手卷红鲑鱼饭团""直卷鸡肉五目饭团""烧猪肉炒饭饭团"和"直卷日高昆布饭团"。

说起这日本饭团，汉字写作"御握り"（音近"欧尼给力"），吃了倒是确实给力。家庭主妇们又叫它"御結び"或"握り御飯"。日本人遇事爱求证个本源，据考，1987年底日本考古学家们在弥生时代后期留下的杉谷遗迹（石川县鹿岛郡）中挖出了类似米粒的块状碳化物，经研究后，证实是由人手握成的块状米，

当时媒体曾热报了一阵，嚷嚷这是日本最早的饭团；三十年后的
2009年又在北金目塚越遗址（神奈川县平塚市）挖出了据说是古
坟时期的块状米碳化物，而且还是放在当时的"便当盒"里的，
这被视为日本最早的饭团盒饭。不过，日本人自己又说，饭团
的直接起源应是从平安时代的"顿食"（平安时代伺候宫中宴会
的下人们吃的一次性食用饭团）开始，这是一种用糯米蒸就的
鸡蛋状的大个饭团。看来，日本人把饭团溯本求源那么久远，似
乎自己底气倒并不是很足。

提起饭团，人们首先会联想到海苔，这是因为日式饭团基本
都是由海苔包裹后销售的，而使用海苔则是始于元禄时期，取其
既有营养又不沾手的特性。1885年7月16日东日本铁道开通，
在宇都宫车站首卖的盒饭就是由两个用海苔包着的饭团配上几片
萝卜咸菜组成的。

日式饭团发展到今天，尤其是自20世纪70年代便利店出现
以后，饭团就成为便利店重要的主打商品之一。非但便利店抓住
了饭团的商机，近年来，连日本超市也都加入了饭团的竞争行
列。在首都圈调查中，排在前十名后五位的饭团还有"手卷饭团
紫鱼松""金色鲑鱼卵渍酱油饭团""手卷辛子明太子饭团""美

饭团

乃滋海底鸡饭团"和"手卷纪州南梅高梅紫苏饭团"。除去这十
种畅销饭团，尚有各种五花八门的拥有地方特色风味的饭团。比
如，居酒屋的酱油味烤饭团、日式汉堡店的饭团汉堡和自古传承
下来的由日本家庭主妇握制的饭团等。受这些利好因素影响，现
今的饭团不仅营养丰富、老少咸宜，而且无论种类、样式都可谓
琳琅满目了。

122

　　日本的饭团产业也早已形成了一个巨大的产业链，饭团的制作工厂、大小作坊也早已遍布全日本，甚至，几乎都是二十四小时工作制，饭团行业在为人们制作美味"欧尼给力"的同时，也为日本政府提供了大量的就业机会。日本饭团大致分为机器制作和手工握制两种。大批量的机器制饭团是为了满足需要，而手工握制的仍占有一席之地，那则是因为一些日本人仍然留恋于从手工握制的饭团中吃出当年小时候的"母亲味"来，他们是在通过手握饭团来品味一种亲情，故而，这一市场仍然坚挺地存在着……

　　饭团之所以在今天大受欢迎，不仅是因为它方便、快捷，更多的是出于日本人对健康的重视。对大部分速食食品以及汉堡等洋快餐的热量比太高的质疑，使得日本人对以米饭和海苔加少量馅料制成的饭团这种有利于健康的传统食品情有独钟，何况在今天流行的饭团咖啡馆甚至便利店，商家们也都努力地以各具特色的手工饭团争胜。如此，人们吃着这样的饭团，在得到快捷、方便和营养的同时，还能体会到一种淡淡的家庭温馨，"欧尼给力"呀。

日本盐

《说文》中记述，天生者称卤，煮成者叫盐。传说黄帝时有个叫夙沙的诸侯，以海水煮卤，煎成盐，颜色有青、黄、白、黑、紫五样。这是传说。后又有说法谓中国人大约在神农氏的时期开始煮盐，这个因有遗址为证，似乎靠点谱。

其实在我国真正有关于盐的确切记载是在周朝，当时，掌盐政之官叫"盐人"。《周礼·天官·盐人》记述盐人掌管盐政、管理各种用盐的事务，而且在当时就已经把盐分成了数种，比如祭祀时要用苦盐、散盐，待客时要用形盐，而大王的膳馐则要用饴盐等，不过，形虽有别，其实盐分是没啥变化的。

邻国日本，据说从绳文末期弥生初期时就已经懂得使用盐了，不过，这也是传说。真正有记载的是平安时代的用干海草烧后含有盐分的草灰来调味，至于煎熬成盐制法，那已经是德川幕府时代的事了。

一般来说，盐可以分成三大类：海盐、岩盐、湖盐。而日本主要是海盐，海盐的话又可以分为把海水进行风干萃取而成的盐、把海水煎熬成的盐两种。因日本的气候不适合风干处理制盐，所以大多是煎熬成盐。

可以说食盐（也称餐桌盐）是人类生存重要的物质之一，也是烹饪中最常用的调味料。我们自古就有"五味之中咸为首"的说法存在，强调的就是盐才是最基础的调味料，所以某种意义上也可以说盐在调味品中绝对是应列为第一位的。

日本的拉面众所周知那是一个"熬姨戏"（好吃），一般粗分为酱油味、味噌味和盐味三种。酱油味和味噌味不用说了，可盐味算什么味儿，盐味本就是基础味，基本上哪样菜缺了它也就都没味儿了，是料理不可或缺之调味料，而日本人居然把它拉出来当作一单独品牌招摇，当初觉得这碗面有骗人之嫌，所以坚持了好久只吃味噌和酱油两种拉面，并且一直沾沾自喜于自己的坚持。

不过，这种认识在偶尔吃了一次盐味拉面后改变了，发现盐味拉面也并非那么令人讨厌，而在接连吃过几次后，一不小心还吃出了其中的妙处来，原来盐味拉面并非就只是咸咸的味道，貌似清汤寡水的盐味汤水里却是能吃出一种鲜味来的。于是，又想起了学日本人吃煮鸡蛋时撒上一点食用盐末后煮鸡蛋的美味，也想起了吃西瓜时撒上一点食盐那西瓜既甜又鲜的味道，不觉一股"哪路猴头"（原来如此）的心绪就漫上了心头。

长点心后，就开始注意品尝日本的盐味料理了，比如盐烤鲭鱼、盐烤秋刀鱼和盐渍黄瓜等，尤其是盐烤鱼类，让人欲罢不能的是由盐而鲜给味蕾带来的那种只可意会不可言传的美妙食感，让我彻底领略了日本人对"盐"的妙用，也因此开始关注起了日本的"盐"。

在东京的麻布十番有一家专门卖盐的店，店名就叫作"盐屋"，盐屋里有400多种盐出售。不去不知道一去还真是吓了一大跳，在那里，"盐"被细分到了极致。如饭团专用盐、白煮蛋专用盐、天妇罗专用盐、刺身专用盐（白身）、刺身专用盐（红身）、意大利面专用盐、麻婆豆腐专用盐、米饭专用盐等。其中最昂贵的是牡蛎之盐，15克就要800円，差不多人民币50元左右，而且还是税前。牡蛎之盐之所以贵，是因它是从牡蛎的口中汲取出的海水提炼而成。据说一吨的牡蛎只能提取出四公斤的盐分。真不知道第一个想出从牡蛎嘴里抠出盐来的日本人是怎么琢磨出来这招的，而且脑补一下那牡蛎之盐乃牡蛎口水所变，也就没了勇气买来一试。

　　除牡蛎之盐外，还有许多奇奇怪怪的盐。例如从减盐酱油中提炼出来的酱油之盐；在制作竹炭的过程中加入盐熏制而成的竹炭之盐；汲取满月之夜力量的满月盐；冲绳伊江岛进行风干的荒波盐；香川县有着300年传统的入浜式之盐；日本最西端的与那国岛的手作盐——黑潮源流盐；在冲绳的久米岛利用100%海洋深层水提炼出的非常适合小孩子的温和口味的球美之盐；等等。除此，还有冲绳县宫古岛之雪盐、将海藻精华和海水盐混合而制成的口感较甜的濑户之粗藻盐以及适合美容的盐、盐冰激凌等等，可谓五花八门无奇不有。

　　据说德川家康曾在"大奥"（内宫）中问道："这个世界上最美味的东西是什么？"他的侧室阿茶局回答说："世上最好吃的是盐，最难吃的也是盐，因为再美味的东西，如果太咸，就没人愿意吃了。"从中我们可以听出日本人之于盐，是把它作为世上最好吃的调味品来认识的，当然，吃多了，也怕齁着。不过，从日本人对盐的令人惊讶的分类中，除了显示出他们一贯的细致、认真以外，是否也透射出了他们的一点匠人精神呢？

撒豆驱鬼惠方卷

日本的节分习俗说起来话长，最远可追溯到中国商周时代的宫廷"傩祭"，由负责驱疫避邪之神方相氏主祭。傩祭习俗主要分布在江西、四川、贵州和湖南等地，至今虽然传承仍在，但已少有人知。

傩，平安初期传入日本，日本人定其名曰"追傩"，是当时的文武天皇在宫中练的把式。日语的"追"，在此即"赶走""驱逐"之意。驱鬼最高负责人倒是没变，日本也用方相氏，由他率二十役人在"大奥"（大内）呼儿嗨地转圈赶鬼，至于是否说的日语，这个真不知道，估计小小"岛语"还难不倒方相大神吧。而大臣们则在清凉殿阶上引弓相援，殿上还有和太鼓助威，可谓声势浩大，鬼焉能不惧？也就只有跑路一途了。

就这样跑着追着，不觉就追到了9世纪，可谓风水轮流转，"追傩"习俗整个反过来了，变成老鼠追猫，方相氏开始丢盔卸甲屁滚尿流地被鬼赶着跑。日本人说，这是因为后来日本的"触秽信仰"抬头，而对与葬送仪礼有很深关系的方相氏，则忌避感

惠方卷

增强，于是，就开始把方相氏作为污秽的象征来加以驱除，这让我感觉方相氏在古代日本混得有点惨。

这还不算完。傩，还在继续发展演变。在日本有一个驱鬼的传统戏剧，说的是立春的前一夜，一蓬莱恶鬼到一家丈夫不在的女人处求爱，女人佯装应允，待骗得恶鬼财宝后，撒黄豆把恶鬼赶走了。就这样，日本人把时令与傩和黄豆又弄一块儿了，节分习俗，据说也就因此而生。日本杂节之一的节分，过去一般是指立春、立夏、立秋、立冬的前一天，节分日，也就是用来区分季节的那一天。但自江户时代以后，日本人口中的节分，基本上就是指立春的前一天了，也就是每年的2月3日（2月4日立春）。

日本的节分习俗发展到今天，还有了东西之分。一般来说，关东地区继承了傩的传承，每到节分的晚上，人们一边嘟哝着"福进来，鬼出去"，一边在屋子里撒炒好的黄豆，而且，据说如果当晚吃了与自己年龄数字相同或多一个的炒黄豆，就能除厄康健。是否能康健不知道，不过除厄这事儿靠谱，试想，一家子人吃炒黄豆，然后响屁连天，什么鬼也要被臭得逃之夭夭了。

至于节分撒豆驱鬼的出处，据说是宇多天皇在位时，鞍马山的鬼出山来皇都闹事。因日本人的自然信仰，他们自古就相信谷物具有生命力和降魔力，而日语的"豆"与"魔目"音同，传说用"豆"打"魔"，就能打瞎"魔目"。结果用了三石三升的炒黄豆一顿扔砸，鬼眼被打瞎，跑了，于是，人们也逃出了灾厄。撒豆驱鬼是习俗，吃豆放屁也有利健康，但过后的打扫就很辛苦，于是，部分地域如北海道、北陆、九州等地的聪明人，就用带壳花生来取巧代替黄豆，花生落地，不脏易拾还能吃，就收一举"三"得之利。所以说，随着时代、地域的变迁，古时风习也在与时俱进地发生着变化。

　　而关西人在节分这一天则是以吃"惠方卷"（一种缘由七福神而使用七种鱼、肉、蔬菜卷成的筒状寿司，意思把"福"卷起来）来祈福敬神的，同时用"金棒"（粗卷寿司）来退制恶鬼。一般来说，关西这一习俗是从江户末期开始的，不过那时也叫"卷寿司"或"丸被寿司"等。惠方则是指岁德神（日本阴阳道信奉的主管福德的吉神）所在的方位，岁德神似乎好动，所以，每年都是由阴阳道根据当年的干支计算出岁德神所在的最好方向。而日本人相信，面向岁德神祈祷，就会万事大吉，所以这惠方卷的吃法还挺有讲究。首先要面向由阴阳道算出的当年的岁德神方向，直立闭眼，不许说话，然后一边默想岁德神，一边把一整根惠方卷吃下去。一定要整根吃，如果切断，就是切断了"神缘"，那就不灵了。可见，日本虽蕞尔，但地域不同，驱鬼行事也还是不一样的。

　　不过，事情也无绝对，西风东渐，近年来，就经常在东京的超市前看到印有"惠方卷"三个大字的旗帜飘飘，电子显示屏也像流水作业般流动着惠方卷的广告。问日本朋友，答曰："近来关东一带开始流行吃惠方卷了。"至于理由，人们内心空虚找寻寄托和商家借机炒作据说是主因。查资料又发现，近些年来，东风西渐，关西人也开始在节分撒豆驱鬼了，而且很正规的。像京都的八坂神社每年节分都会举行"节分祭"，由美丽的舞伎们身穿和服袅袅婷婷地沿街撒豆。不过，颇有点怀疑这一出是否能驱走鬼，说把鬼引来倒还更靠点谱。也曾听日本朋友讲，其邻居是一位独居的"欧巴桑"，每年节分当晚，都要一个人在屋里撒豆折腾，听描述有点像我们北方的跳大神，真担心她被鬼附体。

五、清酒那些事儿

日本酒二三事

入了乡，也就不得不随了俗。日本酒（日本人说日本酒，通常指日本清酒）之于我，正是如此。记得初尝日本酒，是在30年前，望着那标明十六度未满的"菊正宗"（清酒的一种），藐视了几遍后终于带着不屑一口干掉一杯。吧唧吧唧嘴儿，首感就是简直"淡出鸟来"，从此，再不正眼瞅日本酒。

随着来日日久，舌尖的味蕾竟也渐渐适应了清淡的日本料理。这时，偶尔以国产酒来佐日餐，就感觉不大对味儿了。颇像周立波、赵本山同台，有点不和谐之感。于是乎，好马又吃回头草，重以清酒来佐鲜美的刺身、天妇罗等小酌，这时，那清酒的淡淡的米香和着各种清淡美味的日本料理给味蕾所带来的美妙感觉，猛然地，一股生在地球、活在日本、感谢上苍的眷顾之情不觉油然而生，就浑忘了自己不愿正眼瞅日本酒的历史。

日本酒名取得也好，每每在清酒卖场，徜徉在那"松竹梅""香云""朝香""醉美人""上善如水""水芭蕉""月桂冠""美少年"之间，整个人就觉得文学了不少。喜欢了日本酒，就想知

清酒

道日本酒的历史。但翻来寻去，发现有关日本酒的最早记录，竟
是《魏志·倭人传》中的倭国"性嗜酒"之记载。溯酒之根源，
据传，在我国夏代已有酒传世，至殷商末年，纣王的"酒池肉
林"已经是闻名遐迩。而到了西周，酿酒术已形成一整套规范的

技术流程。当然，至西周止，酿造出的据说还是黄酒。而据日本史料记载，公元前 4800 年左右，在中国扬子江流域，稻作就已开始，进而，江南人造出了米酒，这种米酒经由先民传入日本后，才形成了日本酒的起源。但今天日本酒自成一家闻名于世，日本人也就不愿承认日本酒源于中国之说。于是乎，就把玄乎其玄的《日本书纪》中记载的大神须佐之男命为了制服妖怪八岐大蛇而酿成的"八盐折之酒"奉为日本酒的起源，估计这种不太靠谱的牵强之说，日本人自己也是信者寥寥。

日本酒可以说是日本米、水及酒曲子的艺术结晶，没有世界一流的日本大米、一流的日本天然水源、秘制的独特酒曲子以及精细的酿造工艺，是不可能酿造出真正的日本酒的。尤其是"吟酿"酒，这种用"米芯"（大米磨后剩余的最后那一点）酿造出的高级清酒，更是清酒中的极品。日本酒由低至高，分别为上撰—特撰—吟酿—大吟酿。日本每年都搞清酒评选活动，2020 年的日本酒排名就是以"十四代""花阳浴"和"而今"荣膺三甲。而且排在前 20 名的几乎都是东北地区的清酒，日本东北地区的大米、水源之优，确实不是浪得虚名。

虽然有冷、热两种喝法，但还是比较喜欢稍微冰过的日本酒。闻一闻，稻米香沁人心脾；尝一尝，更是清凛绕舌。盛夏三伏，三五好友，枝豆冷奴（煮毛豆和酱汁生豆腐），一壶"松竹梅"，把酒言欢，可谓无上惬意。不过，数九寒冬，守着热气腾腾的"下不下不"（日式火锅），烫一壶"朝香"，那也是其"热"融融，其乐融融也。

日本和尚也为巷深酒香所惑，但日本佛教"戒酒"虽忝为"五戒"之末，却又被王八翻跟头——一个规定（龟腚）接着一个规定（龟腚），为防范其余"四戒"（不杀生、不偷盗、不邪淫、不妄语）之"首戒"。想想也是，大和尚小酒一喝多，啥都"不戒"了，似乎就有点乱。但日本大和尚们愣是上有政策下有对策，被他们翻腾并发挥出"酒乃百药之长"，少喝有利修行健康，还能得到超越"五感"达到"六神通"的般若智慧之说。由此，大和尚们放胆开饮，并美其名曰"般若汤"。向日本大和尚们致敬，日本酒，"要西要西地"（很好很好）。估摸着鲁智深若生在当世，也一定会选择东渡，不过干得肯定不是鉴真大和尚所干的事儿。酒肉穿肠过，佛祖心中也不留，才是大和尚本色。

酿酒与女人

日本电视台做节目，议论日本现代女性的"酒事"。其中，相当一部分嘉宾认为，日本当代女性无论是从酒量还是从喝"混酒"的能力上都已经超过了男性，并且以艺能界宫泽理惠、大岛优子、上户彩、滨崎步等十位女"酒豪"名人为例，来佐证这种说法的正确。姑且不说这种例证本身就有以偏概全之嫌，即便只是说日本女性喝酒胜过男人，估计"好酒"的日本"傻拉力忙"（公司职员）们也是"事"可忍孰不可忍的。不过，要说日本女性与酒的关系，那倒确是源远流长的。

《古事记》和《日本书记》中各有一处关于女性酿酒的记载，其一是日本皇室祖先天照大神的孙媳妇木花咲耶姬，据说她是一位美得不能再美的女神，她为了庆祝自己儿子的诞生曾亲自酿过酒；另一处记载是说神功皇后为了庆祝自己的儿子被立为太子也亲自酿过酒，而神功皇后据说也是一位人见人爱花见花开的绝世美女。由此，一些所谓的日本酒研究家们就说在古时候酿酒似乎是美女的专职，这个却是不须乱说，莫说木花咲耶姬和神功皇后是否确是绝世美女只凭画像而没有留照存念尚有待考证，而就一般意义上来说，又上哪儿找那么多美女酿酒去呢？除此，研究家们又搜肠刮肚挖坟掘墓寻找其他证据以证明日本女神与酒的渊源，比如说京都的酒神神社即松尾大社供养的守护神"大山咋神"是一位山神，而据他们说日本山神都是女神，那么，这位女神自然也就成为他们口中的酒的守护神了，但问题是这位"大山咋神"本来是位男神呀，莫非也是学咱观音菩萨由慈航道人变性过来的玩法。

其实，日本古代女性与酒的渊源之深是本不需这些云山雾罩之虚幻证据的。在日本古代生活中，女性与酒的关系本就是很深的，比如说古代的"杜氏"（指由中国传来的造酒人），日语中也写作"刀自"，读音近"杜氏"，而这个"刀自"乃家庭主妇之意。因此，自然而然，当时的酿酒就理所当然地是主妇的工作了，因为日本自古流传下来的最原始的酿酒法就是女性用嘴嚼饭使淀粉糖化来发酵的。

这又是怎么回事呢？原来，酿酒时欲把酵母发酵为酒精，糖分是必不可少的，可作为原料的米虽然含有糖分但没有被糖化，这就需要把淀粉糖化，现在是用麦菌来促使淀粉糖化，过去没这玩意儿，只能以人嚼米产生唾液来使淀粉糖化，而这嚼米的嘴当然是用想象中年轻漂亮的美女之嘴最为合适了，日本人无法想象在过去连牙刷都没有的时代，用男人那张臭烘烘的嘴嚼出的糖化淀粉酿出来的酒如何下咽，这个是绝对不可以有的，所以呀，既然一定是用嘴制酒，那就说什么也得用美女、女神的嘴来嚼，（虽然同样没牙刷只能用"杨枝"抠牙缝），因此日本人才拼命把古代制酒与女神、皇后扯上关系，"なるほど"（原来如此）。

　　不过，这日本男人也是蛮忘恩负义的，等到后来有了麦菌，"酒藏"（造酒的地方）就不准女性出入了，理由是怕女人的污秽影响了神圣的制酒，就浑忘了当初求人家嚼米化糖制酒的往事。也许是日本女人不争馒头争口气吧，近现代以来，日本女性饮酒确已不输男性。记得看过一篇关于女大学生饮酒的调查报告，其中说日本女大学生每月的酒钱竟然高过男生20%，喝酒次数也比男生高17%左右，岂止是巾帼不让须眉，这简直就是犹胜须眉。不过，请不要忘记，这些说的可是日本女性的喝酒次数、钱数，而喝酒次数和钱数是成正比的，喝酒次数多，自然酒钱花得就多，与酒量却是没多大关系，前文所说的那些位"女酒豪"，不过是个例罢了。

夏酒

梅雨一过，热浪就扑面而来，被梅雨捂了近月的炎日犹若狂傲的金乌出世般整天地悬在头顶，这预示着日本列岛热闹的夏季正式到来。

提起列岛的炎炎夏日，人们自然而然地会想到夏祭、花火大会、暑气払い（祛暑）等活动，而好杯中物者，夏祭干什么？当然是喝着生啤看祭舞；花火大会干什么？也当然是烧鸟生啤伴璀璨夜空；祛暑又靠什么？自然还是生啤解渴……可谓何以解"暑"，唯有"生啤"，不过只是"生啤无限好，暑后肚渐高"呵。咋办呢？其实，酷暑时期的生啤固然爽口爽脾胃，但以生啤为引，辅以清爽的日本酒，才应是好杯中物者夏日的首选。

日本商家精明，早已开始琢磨夏季清酒了。这不，近两年陆续推出的与暑期相配的"夏酒"正吸引着清酒控们趋之若鹜……

所谓的夏酒就是指近几年日本各大酒藏（清酒厂家）推出的适宜夏季饮用的清酒。经过几年的探索、改进，市场上至今已形成了大体可分为四类的夏季用清酒。一是超爽型，此类酒是模仿市面上最畅销的超爽型朝日啤酒，口感舒适后口清爽；二是白葡萄酒型，这一款夏酒因使用了制造葡萄酒用的酵母和柚子、柑橘类的酸味料，因此喝起来既有清酒的基调，也有鸡尾酒和白葡萄酒的感觉；三是度数稍高的加冰威士忌型夏酒，这一款则适合喜高度酒的老饕们了，拔凉拔凉的，加冰威士忌型夏酒配上刺身，那份难以言喻之美又岂是非局中人所能知哉？最后一种是既变色

烧酒佐藤

又变味的夏酒，其特色是不清偏浊，而且有牛奶色、夜蓝色等颜色，并且含微碳酸，因这种浊酒本身就未经过滤或仅稍加过滤，米香味浓烈，而经如此勾兑，清酒的清甜所剩无多，不过，似乎颇受追求浪漫的酒客欢迎。

其实，所谓的夏酒，虽然大体上分为这四类，但也有个共性，即基本都是适宜夏季饮用的清爽型酒。不过，因其中工艺、制法以及精米步合（指打磨后的米占原本糙米的比例）等的不同，内中区别还是蛮大的，这就需要稍懂一些清酒常识才能分得清了。

一般来说，日本的法律把清酒划分为两大类：一类是"特定名称酒"；另一类是"特定名称酒以外"。我们常见的纯米酒、纯米吟酿（精米步合60%以下）、纯米大吟酿（精米步合50%以下）以及本酿造（精米步合70%以下）、吟酿（精米步合60%以下）等全都属于特定名称酒。这其中的差别，一看是否添加了酿造酒精，如纯米酒和纯米吟酿就都添加了酿造酒精，二看精米步合。不过，像我们这种非专业爱好者则无须考虑太多，只要记住纯米系下，纯米酒是最基础级别，纯米大吟酿是最高级别。同理，本酿造系下，本酿造是最基础级别，大吟酿是最高级别。而前文所说的超爽型夏酒主要就是大吟酿型和吟酿型。

若论起清酒的喝法，无外乎"热焖"（烫酒）、冷酒和常温三种喝法，但因高温使酒精更为刺激强烈，会掩盖清酒本身的精细口感。而香气清雅、口味纤细的吟酿，尤其那大吟酿加热后就再也品尝不到那米的清香、酒的清凛，所以我基本不饮"热焖"。夏酒亦然，试想呀，又有谁忍心把那些打扮得或妖娆、或纯情、或风情万种的夏酒架在火上烤呢。

日本酒里的中国元素

说起日本酒的酿造史，日本人总是首先强调：虽然有公元前4800 年左右，中国大陆扬子江流域的米酒酿造技术随稻作文化一道传入日本一说，但因有各种各样的不可解之点，此一说在日本国内几乎没有得到过支持，云云。尤其到了今天，日本酒扬名世界，日本人就更不愿承认它与中国有什么瓜葛了。"有各种各样不可解之点"的这一说法，本身就涉嫌暧昧，缺乏立论根据，但倒也足证日本人力图澄清日本酒的酿造与中国有瓜葛之意图了。

不过，日本人也确实无奈，欲证明日本酒的传承久远却又撇不开中国史料。比如在介绍日本酒的历史时，就以公元一世纪的中国哲学著作《论衡》中"成王之时，越常献雉，倭人贡鬯"来证明日本在周成王（公元前 1000 年左右）时期，列岛内的某个地方就可能存在着酒了。盖因"鬯者，乃我国周代祭奠活动时所用'香酒'耳"。还有一个能证明日本早已有酒存在的是《三国志》的《魏志·倭人传》中"人性嗜酒"之记述。斯时，因日本人还处于茹毛饮血时代，没有文字，因此，也只能靠我们的史料来说事。

这是从史料方面来看的，如果从酿制方法来看，关于稻作文化由大陆传来日本，日本人似乎也并无异议。那么，随稻作文化传入日本，以糯米酿制的米酒技术也同时被传入日本，似乎亦是顺理成章。日本的考古学家们还在公元前 1000 年前后绳文人居住的竖穴里，发现了类似中国古代造酒用的"酒坑"，并在其中挖掘出了发酵用植物。日本考古学家认为此乃贵重的发现，因为这是第一次在日本本土发现制作酵母的原料和场地。日本"藏人"（酿酒人）供尊的酒神为松尾之神，而松尾之神的出处据说却是为避祸而远逃东瀛的秦人（秦始皇后裔）把米曲酿酒法带到日本后，为在落脚地京都松尾山开坊酿酒，故把松尾山神尊奉为"日本第一酒造神"的。由此可见，就连日本酒人尊奉的"酒神"都是秦人后裔给他们杜撰出来的。

日本称酿酒人为"藏人"，而藏人的头儿又被尊称为"杜氏"（纪念酒神杜康）。每年酿酒季伊始，藏人们拜祭的酒神就是始皇后裔造出并捧红的松尾之神。酿出的酒更是溢满了中国文化。比如日本酒"松竹梅"，就是把传自中国的"岁寒三友"的"经冬不凋，耐寒"之深意，融入日本传统迎接元旦到来的玄关前装饰的"松竹梅"喜庆之意中而定下的酒名；日本还有一种清酒叫"上善若水"，酒名取自《道德经》，可谓只闻酒名就已经令我辈跃跃欲试细品了；长野县信州大泽酒造还以《庄子·内篇》中的"人莫鉴于流水，而鉴于止水"为由，推出了一款"明镜止水"清酒，恐怕老庄再生，也要来上一壶再逍遥了；拥有300年历史的铭酿株式会社，早在1835年就酿出了"七贤"牌清酒，此酒就是酒厂老板在观《竹林七贤饮酒图》时顿生灵感而创出的品牌。无独有偶，冈山县丸本酒造的铭柄（名牌）叫"竹林"，倒是与"七贤"相映成趣。驰骋想象，点上几味可口小菜，然后左一杯"竹林"，右一杯"七贤"，只是想想那份意境，估计即使刘伶重生，也愿意再喝死几回吧。久保田清酒无疑是清酒里的铭柄了，酿造它的朝日酒造十分有趣，他们酿制的久保田，只要是带包装盒的酒款，盒子内侧必印有李白的《月下独酌》。不过，以酒仙来定位日本酒最彻底的当数岛根县的李白酒造了，酒厂名就直接是"李白"。而且非止于此，日本人意犹未尽地又以李白新婚时在白兆山桃花岩度过的那段美满生活为原型，酿出了名为"桃花仙人"的清酒来。除此，"李白·纯米酒""李白·笑而不答"烧酒也都是该酒造的得意之作。这家酒厂还有一个叫"得月"的清酒系列，乃取自范仲淹的趣事"近水楼台先得月"之典故，就让这清酒更透出了几分中华古韵。

其实，日本人大可不必担心我们与其争什么清酒源头，相反，我们还会充满感激之情，感谢那些把中国文化、中国元素融入与体现在日本酒里的藏人们。当我们以可口的刺身、枝豆等佐酒享受着"上善若水""桃花仙人"时，那中国文化与日本酒文化奇妙地结合在一个快意的氛围里，微醺的酒饕我辈，内心还是对日本民族对中华文化的保全、发扬充满了感恩之情。

六、说说日本料理文化

即席料理现炒现卖

"即席"二字，源出《礼记·曲礼上》中"将即席，容毋怍"，指就座入席。唐李延寿撰《南史·萧解传》中又有："初，武帝总延后进二十余人，置酒赋诗。帝两美之曰：'臧盾之饮，萧解之文，皆即席之美也。'"即席，开始有了当席表演之意。而演绎至今的"即席挥就""即席演讲"等，则早已不见当座入席之意，而完全变成现场作秀，如画家书法家的即席挥毫、艺术家的当场表演等。至于"即席"二字何时东渡，已不可考，不过在日本，一般来说，"即席"二字已经逸脱了其本义，更多的场合是指"当场操作"之意。现在日本一提起即席料理，我们都能立马心领神会那说的就是现炒现卖的料理。字同意通，我们拿来用着就也方便，正是何乐而不为也？

下面就来谈谈日本小酒馆、小料理店的即席制作料理。一般小酒馆、饭店的即席制作料理主要有拉面（ラーメン）、铁板烧、烤串（烧鸟）、御好烧（好み烧き）、握寿司（握り寿司）等。在日本最先接触的所谓的即席料理，就是即席拉面，也就是我们口中的"碗面"，但现在日本一般通称它的洋名儿"カップメン"。不过，除去碗面，拉面店一般也都是厨师当场制作，比的就是一锅自称秘制的汤和各种盖头以及厨师的夸张动作与吆喝了。向来安静的日本人在拉面店却是一定要把拉面吃得呼呼声响的，据说，只有这样，才能表现出食客对厨师厨艺的赞美和感谢之意，也因此热气腾腾、一片哧溜溜的声音才是拉面馆的特色。

铁板烧是指食客围坐在一块大而扁平的铁板周围，类似我们平底锅的 N 倍放大版。厨师烧热铁板后给铁板擦油，然后，放上各种原料、佐料当场煎制，边吃边烧煎。可供烧煎的食物也很丰富，各种肉类、鱼虾、蔬菜皆可，日本人甚至连苹果、柿子都拿来烧煎。吃的就是一个红红火火气氛热烈。

而好み焼き，即御好烧，也称"什锦烧"，其具体做法则是先把鸡蛋、水、汤料和面粉混合成比较稀的面浆，然后放在烧热的铁板上拉成圆形，撒点柴鱼粉。接着，把洋白菜丝和绿豆芽等摆在上面，撒盐和胡椒面，再摆葱花、炸面花、猪肉、墨鱼等，然后从上面撒少量面浆，制成圆饼状，再依次加入盐、胡椒面和清酒后和在一起炒面。等蔬菜开始软化后，将圆饼和蔬菜等一起翻个个儿，压平。在旁边再煎一个半熟的鸡蛋放在炒面上，上面再摆圆饼。最后将这个合体压过的圆饼整体翻转，按自己口味在上面涂上色拉油、鲣鱼末、海苔末等就可以大快朵颐了。御好烧比较适合家族聚餐，当然，去店里享受大师傅即席烧制的各种御好烧更是一种美妙的享受，因为大师傅顺手煎制的香肠、烤虾等，配上啤酒，那才叫一个完美。

烧鸟，就是我们的烤鸡肉串，不过日本烧鸟店不仅仅烤鸡肉串，牛肉串、猪肉串甚至鸡屁股串、鸡软骨串、大葱、青椒什么都烤。下班后，三两好友钻进站前略有点脏兮兮的烧鸟店，一边歪脖龇牙地撸着厨师即席炭火烤就的各种串儿，一边喝着扎啤骂领导品评女人，就是工薪阶层下班后的最高享受了。

如果说即席烧制铁板烧、烧鸟等这些过火（火通す）料理，因是烧制而成，尚属容易的话，那么，即席寿司、即席脍炙生鱼片可就是较真的活儿了。生吃，味蕾的感觉就特敏感，所以，制作时对厨师的要求也就特别高。尤其是制作生鱼片，剔好的鱼肉不能带刀痕，也不能用水洗，肉中更不能有刺，这就要求厨师在切生鱼片时刀口清晰、均匀，切时要一刀到底，中间不能搓动，切出的生鱼片要能一片片摆齐。切生鱼片的方法按鱼类不同还分为削切法、线切法、蛇腹切法等，其中最难掌握的据说就是像河豚生鱼片那样的薄切法。当然具体薄厚要按鱼的种类和肉块的厚薄来决定，太薄，蘸酱油后口味则偏重，很难吃出生鱼片的鲜美味道来；而太厚，就不好咀嚼而且口味偏淡，因此，切生鱼片的关键之一还在按鱼类的品种对厚薄掌握得恰到好处。

所谓的即席握り寿司，即当场握制寿司。厨师用他那胖乎乎的手灵巧地在食客面前像变戏法儿般捏出一个个用金枪鱼、鲷鱼片、鱿鱼片等盖头的饭团，米透着晶莹，生鱼片光泽闪闪，就着些微呛鼻的山葵末，蘸上一点酱油后放入口中，那种新鲜生鱼片的入口润滑、米粒的清香带上一点点山葵的微辣和酱油的调味，真乃人间至味也。不过，吃即席寿司，是一定要去稍高级的寿司店的，因为店内环境，尤其是厨师的形象那可是直接影响胃口的。一个形象不佳的寿司厨师毕竟很容易让人怀疑他在捏饭团时是不是好好洗过手。

顺便透露一个日本人制作寿司的禁忌，一般日本的寿司店是禁止女性厨师手工制作寿司的，据说是因为女性的手温比男性高从而会影响寿司的味觉。不过，这也不是绝对的，比如日本有女体盛这道料理，其中就有把寿司摆放在裸体的女性身体上供食客取食的做法，估计这时候看在高价的份儿上，寿司大师傅也会乖乖地把女体温度影响寿司食感的说法暂时咽到肚里去，至于食客，品的本来就不完全是寿司。

怀石料理

最近国内来客，动辄要吃怀石料理、河豚料理、料亭料理等，这些在日本也属高大上的料理，还真不是一般人享用的，我也是偶然的机会才品尝过那么有限的几次怀石料理。

其实，怀石料理最初就是指茶会前主人招待客人的简单饭食，因此也被称作"会食"。本来就是简单的茶会前垫垫底儿的轻食，后来却又为啥叫作"怀石料理"了呢？据说是因和尚在修行时为了对付腹饥和寒冷，就弄块"温石"揣入怀中取暖。来了客人时，没有饭菜招待客人，有时也把怀里的温石拿来给客人取暖用，所谓的另类"送温暖"吧。而因禅茶之关系，"会食"和"怀石"日语又同音，渐渐地，这种在茶会前接待客人的料理，就被称为怀石料理了。

江户时代，随着茶道理论化，怀石料理也逐渐讲究起来，直至发展成今天这样的高大上。菜式、种类也从当年的简食、一汁两菜或一汁三菜发展成为今天这种可谓之烦琐的总计十四道菜肴（也有的是九种或十一种不等）。其具体内容为：

1. 先付（Sakizuke，さきづけ），这是一道开胃用的小菜，以清淡清新为主。

2. 向付け（Mukozuke，むこうづけ），一般情况下，这是一道适季的生鱼片。

3. 八寸（Hassun，はっすん），这是以季节主题的一款菜式，通常为一种寿司与几道精致小菜组成。

4. 炊き合わせ（Takiawase，たきあわせ），这是用蔬菜、肉、鱼、豆腐等食材切小块焖煮的一道菜肴。

5. 盖物（Futamono，ふたもの），是用带盖子的食器装盛的食物，通常为汤或茶碗蒸（海鲜鸡蛋糕）。

6. 烧物（Yakimono，やきもの），与刺身相对应，这是一道适季的烤鱼料理。

7. 酢肴（Suzakana，すざかな），这是一道以醋腌渍的小菜，类似于我们的腌制酸甜小菜。

8. 冷钵（Hiyashibachi，ひやし ばち），用冰镇过的食器来盛放面条、凉拌时蔬、虾蟹肉等的一道菜肴。

9. 中猪口（Nakachoko，なか ちょこ），其实，所谓的"猪口"本来是指酒盅，后来又开始用这种酒盅盛放料理，而怀石料理的中猪口就是指其中盛放的餐间佐酒小食，味道以酸为主，很多时候它就指一种酸味汤。

10. 强肴（Shiizakana，しいざかな），听名称就知道了，这是一道主菜，也就是我们常说的硬菜，一般为烤制或煮制的牛肉、禽肉、鱼等。

11. 御饭（Gohan，ごはん），以米饭为主的主食。

12. 香物（Konomono，このもの），这是一道季节性的腌制蔬菜，也就是我们的当季小咸菜。

13. 止椀（Tomewan，とめわん），指现煮好的米饭配上季节性的腌制蔬菜和特色味噌汤。

14. 水物（Mizumono，みずもの），这是最后一道餐后甜点，一般有蜜瓜、葡萄、桃等甜美多汁的传统高级水果。

其实，怀石料理还真就是日本人所说的"眼的料理"，更适合看、欣赏，不仅是看料理，而且还要欣赏优雅、适淡的就餐环境（和、禅的布局和意境）、精美的食器（陶器、瓷器、漆器等），以清净之心雅淡心境体味怀石料理那幽玄的意境……

个人以为，如果只是为了吃饱吃好，大可去一般的日料店，但如果确实想品味日本食文化，那去吃一次怀石料理也是不错的选择，而至于抱着要吃就吃最贵的心态去吃怀石料理的人，那可不一定物有所值！

锅料理

日本锅料理一年四季皆有，但以冬季为盛。冬季一到，就是日本人开始料理锅、大吃锅料理的时候，尤其是忘年会、新年会期间，列岛上下，到处热气蒸腾，锅料理鼎沸。

其实，以鱼为食、以海为幸的古代日本人本是不识锅料理的，只是到了近代稍前一点，才有了一种"围炉"，也就是我们说的地炕、地炉出现。日本人用吊具把水壶、锅等吊在地炉上面，下面点上木炭或烧柴，烧水或炖菜。近代也有把平底锅吊起来烤制食品然后分食的做法。

明治开国，福泽谕吉等一帮先驱，见识了西洋人的高头大马模样后联想到岛国人的短小体弱，分析原因道：吾国人之所以体弱矮小，即积千年不食肉之积贫所致。于是，开始大力主张食肉健体。开明的明治天皇深以为然，在宫中带头吃上了"牛锅"，即现在所谓的"锄烧"，这是一种把牛肉与烧豆腐、蘑菇等蔬菜放入锅内炖食的料理。而"锄烧"二字据说是由古时的日本农人把鸡鸭肉等放在锄头上以火烤食演变而来。当时的江户人，如果没吃过"牛锅"，那就要被讥为"不开化"，尤其是皇上都吃了，您还端着什么呀！一时间，整个江户城，牛锅盛行。也由此，日本锅料理这才算真正地走上了庶民的食桌，托皇上洪福！

日本锅料理被"料理"到今天，已是五花八门，几乎无物不可锅食，比较常见的就有寄锅、汤豆腐锅、韩国泡菜锅、锄烧锅、内脏锅、河豚锅、鮟鱇锅、石狩锅、地鸡锅、土手锅等，而其中犹以韩国泡菜锅、内脏锅、锄烧锅、寄锅为最常见。寄锅就是我们的什锦大杂烩锅。汤豆腐锅，因为材料只有豆腐、水和海带，所以看起来品相就有点凄凄惨惨戚戚，其实却是大不然，这

是一道看似简单但吃起来绝对味道鲜美的锅料理，制法是先在土
锅里放入海带，上面摆上日本特制的豆腐，然后煮炖。待海带入
了味儿，夹上一块豆腐，蘸上调料（我推荐用微酸的醋汁加上一
撮萝卜泥的调料为最佳），入口后那豆腐的嫩、海带的鲜绝对是
会给你的味蕾一个惊喜的。内脏锅，也叫荷尔蒙锅，汤底一般以
鲣鱼、海带为底料，酱油和味噌味道为主，配上各种时蔬炖食，
当然喜欢辣的人也可加入辣味料等。与其他锅料理不同，内脏锅
一般不用土锅，而是用两侧有耳的不锈钢锅，这也算是内脏锅的
特色之一。煮透的肠肚有嚼头也很香，算得上是冬季佐酒佳肴，
如果味道再浓些，就像了帝都的卤煮了。锄烧锅即牛锅，是先把
豆腐、菜蔬等铺在锅底，然后上面摆上切成类似涮锅用的薄片状
牛肉，加入汤料炖食，味道虽不错但偏甜，还不如日本那清水涮
牛肉的涮锅好吃，毕竟蘸料还可以自己选择。吃锄烧锅，虽然日
本人也喜欢捞出肉再蘸料吃，但那蘸的料却是以生鸡蛋搅拌成的
汤汁，看着就有点眼晕，至今未有勇气挑战。

最后想单独说说的就是鮟鱇锅，在日本素有"西河豚，东鮟
鱇"之说存在，与河豚锅并誉为日本冬季代表性的锅料理，不
过，因鮟鱇鱼价格比河豚要便宜得多，因此，鮟鱇锅更为普通日

本人所追捧。鮟鱇鱼浑身上下都是宝，从外皮到内脏皆可食，日本人称为"没有不能吃的部位"，尤其是它的肝、卵巢、胃和皮，如果是冬季在割烹料理店点上一锅，约三两好友，一壶烧酎，品味鮟鱇的肝之美、皮之香、卵之肥，那绝对是冬季的最美享受。

当然，除了这些，还有高大上的锅料理比如神户牛的锄烧锅、松坂牛的涮锅子等，吃不起，也就没有发言权，说多了是眼泪，就此打住。

日本料理的"旨味"和"出汁"

目前，和食正以其不可阻挡之势席卷欧美、亚洲尤其是中国。虽然，日本料理在过去也已经很受欢迎，但远无今时之气势，那么，到底是什么原因使得日本料理突然一下子就变得魅力无法阻挡引无数食客竞折腰了呢？

有人说是因为 2013 年 12 月联合国教科文组织把日本料理定为世界非物质文化遗产，才导致了全球范围的日本料理热。其实，那只是个契机，本来，日本料理的诸如注重营养搭配、强调新鲜、讲究色泽摆盘以及重视季节感等早已为人们所熟知，而随着人们越来越重视健康，随着日本世界第一长寿大国的霸主地位确立及不可动摇，日本料理自然越来越受到想健康长寿的人们的青睐，愈加红火起来也就是"あたりまえ"（理所当然之意）的事儿了。不过，上述这些理由毕竟还只是流于表象，其实，日本料理之所以在近几年开始人气爆棚是和安倍的"观光立国"政策分不开的，正是由于日本官民一体对观光立国政策不遗余力地宣传、执行，才带来了世界范围的访日游客剧增，来了嘛，自然就对切身体验到的日本包括日本料理有了最直观的了解，也自然对日本人推崇本国料理的热情有了更切身的体会……

　　一般来说，我们平时所说的日本料理并不完全等同于日本人眼里的日本料理。按日本人的说法，日本料理如果从范围、内容上来区分一般可以归纳为两大类：一类是"和食"，这也是日本人骨子里认可的真正的日本料理，它包括大众化的乡土料理和高大上的怀石料理等；另一类日本人称它为"日本食"，这则指的是广义上的日本料理了，它不仅包括了乡土料理和怀石料理等纯日本料理，而且也包括了那些起源并不一定在日本，但却被日本独有的食文化发扬光大的其他料理，比如拉面、蛋包饭、日式牛排等。这样说来，我们所说的日本料理确切地说应该是"和食"的扩大版，它既包括了日本传统意义上的和食，也包括了被日本独自的食文化改造、同化的起源并非在日本的其他一些国家与地区的菜品。

这里提到了一个"日本独自的食文化"的概念，这也是日本人念兹在兹的一直着重强调的一点。那么，日本人嘴里的"独自的食文化"具体又是指什么呢？

所谓的日本独自的食文化，实际上强调的就是和食的独一无二性，其特征就是和食是世界上唯一一个以"旨味"和"出汁"为中心的菜系。那么，旨味是一种什么味道？它是从何而来？"出汁"具体又指的是什么呢？

日语中的旨味（umami），我们一般称它为鲜味，是有别于酸、甜、苦、咸之外的第五种味道，具体是由含有谷氨酸盐和核苷酸的鱼类或其他动植物等经提炼而形成的一种味道。虽然过去含有这种旨味的鱼类和动植物也早被法国、意大利、中国等认识到并使用在菜肴里用来调味，但却始终没有哪一个国家把它定性为一种味道。直到1908年，日本东京帝国大学（现东京大学）教授池田菊苗在海带汤里发现了这种美味的味道，池田教授就依照酸味（さんみ）、甘味既甜味（かんみ）、盐味（えんみ）、苦味（にがみ）四种基本味道的称法，结合他发现的这种味觉的"旨（うま）い"即"美味"和"味"（み），最终把这种味道定名为"旨味"（うまみ），其实，笼统地讲，也就是我们所说的"鲜味"。打个比方来说，这种"旨味"就相当于味精的作用，在菜肴里加入一点，菜的味道马上就"鲜"起来了。而味精的主要成分其实就是谷氨酸盐，而且日本味之素（味精）公司也是在池田菊苗教授取得了发明专利后成立并发展至今的。因为旨味为日本人所发现并发扬光大，至今日，日本料理可以说已经完全是以旨味为中心构成的料理，因此，日本人认为这种以旨味为中心构成的料理在世界上只有日本一家别无分店，他们认为日本料理是世界上独一无二的料理之根据也由此而来。

出汁，日语写作"だし"，音若"大喜"，是由含谷氨酸盐和核苷酸的海带、鲣鱼等熬制的一种日式高汤，也是日本料理的基础味道。不过，随着技术的进步，现在也已有了携带使用都方便的颗粒状和粉末状的"大喜"，被人们尤其是孩子们广泛使用着。日本料理加入了出汁，不仅会让菜肴产生旨味即鲜味，而且还能最大限度地把蔬菜、鱼、肉等本身的风味促发出来，与出汁结合，在原汁原味的基础上形成更加鲜美的味道。正因为出汁是日本料理的关键，是促发旨味的最大诱因，所以，日本人才自豪地说："只要是以出汁为基础，旨味为主要味觉成分构成的菜肴，无论是什么形式的料理都可以称其为日本料理。"

今天的日本料理能够成为被世界所公认的健康菜系其实是有点歪打正着的，之所以如此说，是因为我们知道世界上大多数国家的菜肴是以"油脂"为中心烹制的，而日本从德川幕府初始，到明治维新为止，因于幕府执行了300年的锁国政策，没有机会与以"油脂"为中心的其他国家的菜系有过交汇，换言之，也就是说，普通日本人300年间大都不识油滋味。再继续往日本古代回溯，我们还可以看到，日本从天武天皇时代就开始了"禁杀令"，不允许吃牛马鸡猴等动物肉。如果从那时算起，也就是说，日本人已经有1 700年左右很少吃肉了，再加上日本作为佛教国家，自古以来也很少有摄取动物性蛋白质的习惯，这一切，决定了日本人从古代到明治时期为止，他们所谓的日本料理应该就是清汤寡水食后嘴里淡出鸟来的那种，那样的料理当然也谈不上能使人健康长寿了，战后20世纪50年代统计出来的日本人无论男女只有 50 岁左右寿命的数据也足证此言不虚。而池田菊苗 1908 年发现了"旨味",之后才提炼出"出汁"这两个事实也间接证明和食是在近现代才得以确立并发扬光大起来的。

那么,除去旨味、出汁这两样不可或缺的材料之外,现在的日本料理具体还有哪些其他特色使得它不仅让日本人自己喜欢,而且还获得了世界范围的食客们的广泛认可呢?

首先,日本料理的食材不仅多样、新鲜,而且在制作中重视保持食材本身的原味并尽可能最大限度地发掘出食材本身自有的自然味道。这让食客们在品尝日本料理时,不仅能享受到料理的鲜味,而且还能品味到食材的自然味道。其次,日本料理还是一种季节感非常强的料理。在餐桌上,能体现出自然美和四季感也是日本料理的一大特色,这不仅仅体现在食材上,而且还体现在应季的菜肴、花朵、树叶以及食器的搭配上,日本人通过这些极尽心思的配菜和摆盘,让日本料理首先真正地成为一道道美至极致的"眼的料理",不仅让人爱,甚至让人不忍下箸。正是人坐餐桌前,四季料理现,可以说对季节敏感的日本人和日本料理真的是绝配。最后,百年来日本人对日本料理的不断摸索、不断改进,终于完善出了现在这种理想的重视旨味、注重营养平衡、很少使用动物性油脂的健康食生活，其代表就是一汁三菜（主菜、副菜、主食、汤）的定食风格，其中，主菜一般是指用鱼或肉以及鸡蛋豆腐等制作的料理，副菜则主要是炖煮的菜肴或凉拌青菜以及蔬菜或醋拌凉菜等，主食当然是以日本人自傲的米饭为主了，而汁基本就是指味噌汤或其他如海带汤等。正是这基本的"一汁三菜"以及以这"一汁三菜"为基础丰富起来的各种定食

海虾前菜拼盘

料理、会食料理等决定了日本人的健康料理之本质，使得日本料理不仅成为日本人长寿不可或缺的重要因素，而且还令这种"健康食"引得世界范围的食客趋之若鹜。

毋庸置疑，日本人自古就敬畏自然，至今亦如是，也正因如此，与一些国家在对待自然上主张"克服自然"等观念不同，日本人自古就主张"与自然共生"。正是基于这样的自然观，日本人尊重自然，对大自然给予自己的恩惠一直持有着感恩之心。这样，才使得日本人在料理菜肴时自然而然地会以表现自然为中心，把自然的素材的味道想方设法最大限度地发挥出来，让人们在享受美食的同时也感受到大自然赐予的恩惠……

此外，日本人也始终不忘提醒自己，和食的"和"乃日本之意，而"和"字也读作"なごむ"（和む，读若"哪搞姆"），"和む"有缓和、安静、平静之意，那么，他们认为，经过无数岁月培育出来的日本食文化，是能让人心境平和下来，是符合日本和日本人特性的一种优雅的食文化。

那么，综合上述，似乎就可以说，正是近现代日本人利用由日本的地理特点而形成的丰富的自然食材资源，以他们发现的"旨味"和提炼出的"出汁"为基础，以注重自然及季节变换、注重菜肴的健康搭配、注重食器的搭配等为核心，才逐步完善并最终形成了今天这种集美观、健康、清淡、新鲜为一体的被世界范围广泛认可的日本料理。

箸

自从在古籍《韩非子·喻老》中找到了"昔者纣为象箸，而箕子怖"的记载后，号称深谙"筷子文化"的国人每每在提起筷子的话题时，就会自豪地宣称：早在距今 3 000 年前，吾上邦中华就已经出现了由象牙精工而制的象牙筷云云。我们不知道 3 000 年前自己是否真有把象牙"铁杵磨成针"的工艺，此事也只能待议。

其实，国人为筷子而自豪，大可不必攀什么象牙筷、金筷、银筷的高枝儿，那普普通通的发源于中国惠及儒教文化圈的所有竹筷、木筷就都已经是我们的骄傲了。由古之"箸"到今之"筷"，经历了漫长的三千年演变史。今天，虽然从类别上已可以说是金银铜并存，竹木塑俱全，但在我国使用最广泛的还是以圆头方尾的竹筷和木筷居多。筷子流传至今，国人所赋予它的讲究也颇多。比如，在我老家，从小就教育孩子吃饭时绝对不能把筷子插在饭碗上，据说碗插筷子，只能是在祭祖上香时才可以做的，活人则忌讳此举。这也是中国自古就总结发明出的用筷十二忌其中之一忌"当众上香"。而其余十一忌则为"三长两短""仙人指路""品箸留声""击盏敲盅""执箸巡城""迷箸刨坟""泪箸遗珠""颠倒乾坤""定海神针""交叉十字""散地惊雷"。观用筷十二忌可知，如果能通之晓之，则对于提升国人礼仪形象，诚然是善莫大焉。倘若再能与时俱进地加上一忌"私筷公用"，那更是锦上添花了。

　　邻居日本，也是用筷大国。研究日本人的筷子文化，让我们颇觉欣慰的是，在今天的许多中国年轻人已不知"箸"为何物时，是日本人还在传承着对"箸"这个代表筷子的汉字之执着，替我们守护了这份筷子文化的传统。不过筷子到了日本后，在使用上已渐渐地有别于我们了。首先，在造型上短于中国筷子的占多，并且以圆尖头的居多。比中国筷子短，据说是源出日本人大都是吃"定食"即份儿饭，用不着长筷之故。而筷子演变为尖

荞麦面与尖头筷

头，则是由于日本人善食鱼，用尖筷易于剔鱼刺之故耳。日本人
学中国也弄出了个"用筷十忌"：一曰"半途筷"，二曰"游动
筷"，三曰"窥筷"，四曰"碎筷"，五曰"刺筷"，六曰"签筷"，
七曰"泪筷"，八曰"吮筷"，九曰"敲筷"，十曰"点筷"。观字
见义，这些禁忌与我们的用筷十二忌大都有异曲同工之妙，也

是，日本筷子源自中国，用筷习俗亦相近那就对了。

我们的另外两位邻居，即朝鲜半岛上的韩国与朝鲜，也是用筷大国。只不过是筷子到了半岛，半岛人抛竹弃木，把筷子全弄成金属制的了。在半岛上，过去是大王、大臣和富人用金银制筷子，而普通百姓只能用铁制的筷子。而今天则改为以漂亮的不锈钢制筷子为主流。虽不知金属制筷子有何高级，但据韩国朋友讲，过去的朝鲜，即使再穷的人家也要拥有一套金属制的筷子、碗和汤匙儿等。

不用木筷和竹筷，据说是因为半岛料理如泡菜等以"红色"见长，长期使用木筷或竹筷，会使筷子头部染上红红的颜色而遭废弃。也有的说是因为半岛人爱吃烤肉，才发明了最适合吃烤物的金属筷子。不管怎么说，刚一接触半岛人用的餐具，还是给人一种冷冰冰的感觉，虽然吃起来是辣辣的、热火朝天式的。据韩国朋友讲，与中日不同，朝鲜族人吃饭从不端起碗来，而是以筷撮起碗中饭进食。因为在半岛上"捧碗"即"要饭"之意也。

以桌上用筷来看中日韩的用筷习惯也颇有趣。中国人向来是家族混用筷子的，非但如此，家庭成员之间更是以自己的筷子互相夹菜让菜，看上去好像有点不卫生，但却透出了一股浓浓的亲情。不过，最近在公共场合也开始有使用"公筷"的习惯了，来客时，也开始实行为客人专门准备一次性卫生筷子的做法了。日本人家庭则与我们正相反，每个人都有自己的用餐"专筷"，是绝不可乱用的。都是定食，也就没有了互相夹菜让菜的习惯。卫生了，但感觉亲情也被"卫生"掉了。据了解，日本人家来客时虽都有来客用专筷，但却也不是专属，而是洗了再用，可见，日本人在所谓的卫生上也还是遵循着内外有别的规则。韩国人在桌上则与中国人很近似，一顿饭会吃得热火朝天亲情四溢，情至浓处，又管他筷属何方。

有人曾分析，日本人钟情一次性卫生筷，他们骨子里有源于安土桃山时代的茶人山上宗二发明的"吃茶"心得的"一期一会"之心境。中国人喜欢能洗了再用的长筷，则说明了永不绝望的具有忍耐力的民族性、持续性和强力的黏着性等。至于朝鲜半岛普遍使用金属筷，反映出居于大陆和岛国之间的半岛的折冲性和半岛地带的悲情情结。日本人把用一双一次性卫生筷子吃饭都提升到了"一期一会"的近似于"一生只有一次"的认识上去，在我觉得反倒有点悲情的意思。

不过，在使用筷子的某些习惯上，比如，中国忌以筷敲碗，日本也有忌敲筷一说，韩国则干脆吃饭就不端碗了。说穿了，都是忌讳变成"要饭的"或"乞丐"。在这一点上，中日韩倒是高度地统一了。

日本牙签：从"杨枝"到"妻用事"

话说释迦牟尼菩提树下正为众弟子说法，弟子们踊跃发言，佛祖就忽觉臭气弥漫，睁慧眼瞅瞅四周，哦，なるほど（原来如此）。原来臭气源于众弟子口中。于是，佛祖说法会变成了现场卫生课，佛祖教弟子们用树枝剔除牙垢的方法，并曰："汝等用树枝剔牙，可除口臭，增加味觉，可得五利也。"从那以后，印度和尚们开始用杨柳树枝剔牙。佛教当时在印度影响大，树枝剔牙法也很快就普及到了大众。脑补一下古代印度全国人民每天早起一起举着树枝掏嘴的景象，还真就够震撼的。据说，即使今天，印度的穷人阶层因买不起牙刷牙膏，依然还保持着用杨柳枝刷牙习俗的大有人在。这就是人类最初牙签的由来。初算下来，自佛祖使用树枝牙签起，牙签的历史倒是有 2 000 年以上了。牙签的由来同样也告诉了我们，连如来都用树枝剔牙，貌似"佛法"好像没有"无边"到神乎其神的程度，否则，一个法诀，佛祖嘴不就清香四溢了么？而佛祖教弟子用树枝剔牙，居然以能增加味觉为诱惑来施教，看起来这印度和尚也挺好吃的！

因为筷子是我们发明的，所以有些人顺理成章地也就认为牙签理所当然也是我们发明的了。我们过去叫牙签为"杨枝"，就是杨柳树枝的简称，听起来很有诗意，也就容易让人误解，有这么好听名字的东西当然是只有璀璨的中华文明才能结晶出来的！其实那不过是牙签随佛教在汉代传入我国时，因其制作材料就是杨柳枝，咱也就顺便按制作材料把它直译为"杨枝"而已。不过，这个称呼，我们早已不用了，估计现今儿的年轻人都不大会知道。

我们不仅家大业大财大气粗，而且很会花样翻新，这不，杨柳枝牙签传入吾邦后，据报道，考古学家们挖坟，就在公元 3 世纪汉末皇室的大坟里挖出了黄金牙签。看唐史，记得还见到过皇室贵族们使用象牙牙签的记载，看来，凡事一到了中国，我们都能把它弄得高大上。牙签在中国传承至今，从小餐馆到大饭店，已是餐桌必备品。当然，档次也绝对是中国特色的黄金、象牙、竹木三六九等齐全。

与中国一样，日本的牙签也是随佛教传入，不过是在奈良时代。与我们相比，牙签传入日本的时间虽然晚了1 300余年，但牙签在日本的发展却是很有一点意思。日本人对传统的东西保护、保持得很好，牙签的"杨枝"汉字写法亦然，传入至今，就从未改过。而且发音也与我们近似，我们过去称"杨枝"，日本人叫它"么鸡"。古时候日本人用指甲剔牙，他们称指甲为"爪"，这就吓我们一跳。"杨枝"传入后，日本人剔牙改为用杨枝了，因此，就把牙签也改称为"爪杨枝"，意在告诉人们，剔牙法升级了，可以用树枝了。日本人还把牙签叫作"妻杨枝"，那是因为日语"爪"（"吃没"）的发音与"妻"（"吃妈"）的发音近似，久而久之，日本人渐渐就把"爪"误用作"妻"，所以，"爪杨枝"又被称为"妻杨枝"，念出声来就像"吃妈么鸡"。据说，这就是日本"妻杨枝"的由来。过去的日本爷们儿牛呀，除了上班赚钱，回到家基本都是臭大爷，吃饱喝得，榻榻米上一仰，一声"吃妈么鸡"，那"吃妈"（老婆）就得颠儿颠儿地把牙签奉上。而这日语"杨枝"的发音又与"用事"（事情）相同，日本的御主人（丈夫）们吃完饭叫老婆有事，基本上就是要剔牙了。所以，久而久之，这牙签就从"杨枝"变为"爪杨枝"，再变为"妻杨枝"，最后口语中不无揶揄之意地又成为"妻用事"了。吃饱喝足，榻榻米上一躺，一句"老婆，上牙签"，这种美事，是爷儿们都想。不过，这却是只在过去的日本才能享受到的服务了，今时的日本御主人们大都早已没有这种待遇。此景不在，倒是令人不胜唏嘘。

发起于郑成功后人的日本咖啡

战争也不尽是坏事，就比如说这咖啡，非洲埃塞俄比亚人发现了咖啡，侵略中东也门时，咖啡也就随军一起进入阿拉伯世界。阿拉伯人聪明，在利用咖啡药用价值的同时，又发现饮用咖啡可以提神。呼啦圈般，咖啡饮品迅速风靡了阿拉伯世界。今天，看着阿拉伯人的那张茶褐色的脸，怎么瞧都觉得是喝咖啡喝出来的。强大的土耳其奥斯曼帝国征服了阿拉伯后，自己却也被阿拉伯咖啡给征服了，并随着帝国的西征，咖啡也被带入罗马，意大利人不仅把土耳其咖啡浓缩成了咖啡名品——意大利浓缩咖啡，而且还一路传至德、法，不久就西欧人民皆咖啡了。18世纪末，西风东渐，咖啡这玩意儿也就随着觊觎亚洲并已在日本长崎、中国台湾探头探脑的红毛番带入了中日两国，那时正值中国大清末期，也是日本明治晚期。

咖啡与酸乳酪甜点

　　咖啡虽然传入了日本，但喝惯了"唐茶"的日本人最初对这"黑豆"制成的苦涩的饮品并未感冒，咖啡在当时也就只局限于日欧之间传播和偶尔招待日本人用。咖啡在日本的窘状得以改变是在明治二十一年（1888 年），当时，深受美国咖啡文化影响的郑成功同母胞弟田川七左卫门郑永宁后人郑永庆留美回日，于那一年的 4 月 13 日，在东京上野下谷西里门町开出了日本第一家咖啡馆，郑永庆也就成为日本史上第一位咖啡经营者。

　　郑永庆经营的咖啡馆是一座临街的二层木造小洋楼。他煞费苦心，在一层不但设置围棋、象棋以及文房四宝，还有卫生间、淋浴间、西餐料理台等；二楼则以圆桌、角桌和藤椅错落有致地搭配在一起，并提供东西方图书杂志以供饮者翻阅。郑氏最初担心日本人不认咖啡无客登门，于是犹抱琵琶半遮面地给自己的咖啡馆命名"可否茶馆"（"可否"与"咖啡"的日语发音相同）。不过茶馆不卖茶，就有点挂羊头卖狗肉之嫌。郑氏咖啡馆的文化氛围不可谓不浓，也确实吸引了一批文人骚客时常聚集，但终因其不为普通人所接受的价格和饮食习惯所限而渐趋没落，四年后就彻底打烊了。但日本咖啡并未因此出现断层，而是开始在各地小荷初露尖尖角。后来还是被誉为普及咖啡功臣的水野龙成功地去巴西忽悠来免费咖啡豆，然后吸取郑氏经验教训以平民价格高雅享受使咖啡在日本最终得到普及。

百余年来，咖啡在日本得到了蓬勃发展和发扬光大。早在1899年日本人就研制出了速溶咖啡，后来受到烘焙煎茶的启迪，又发明了炭烧咖啡。1969年，日本UCC上岛咖啡造出了罐装咖啡，使得日本咖啡技术名列世界前茅。咖啡也名副其实地成为日本人每日无缺的大众饮品。但有点纳闷的是，日本人动辄讲究道，如茶道、花道、武士道，甚至好色都有色道。尤其是茶道，日本人喝了一千多年，就喝出了侘寂喝出了禅，最终还集大成喝出了闻名世界的茶道。也许是日本120年咖啡史毕竟太短吧，而且日本普通的咖啡消费者虽比中国多，但紧张的工作已经使得他们只能享受速溶咖啡、罐装咖啡，若非商务商谈或欧巴桑下午茶客群存在，真不知是否还有人坐在咖啡馆里品咖。也许正是由于这些因素的存在，日本人喝咖啡始终未能喝出"和敬清寂"来，当然也就未能成就一门道出来。

回过头来顺嘴说说我们，咖啡虽也在清末传入我国，但在那种乱世也没能折腾起来，到了二三十年代，在上海、广州等开埠都市咖啡曾一时热闹非凡，不过，那时的咖啡馆主要还是文人、商人及老外的出入场所，普通人的收入使他们只能是望"咖"兴叹的。当然，装惯茶的普通国人肠胃估计也很难适应那苦不溜丢的黑玩意儿。据说鲁迅每次参加左联筹备会的咖啡馆聚会就只是点一杯绿茶，是绝不喝咖啡的。听了就有点感觉先生就像自己笔下那咸亨酒店里站着喝酒穿长衫唯一的孔乙己般，有点另类的文骨铮铮了。

新中国成立前咖啡在中国没能发展起来，成立后资本主义那套玩意儿又被一扫光，至80年代初，随着改革开放"美酒加咖啡"的歌声飘进来，日本真锅咖啡、上岛咖啡；意大利浓缩咖啡、美国星巴克咖啡等世界咖啡巨头纷纷涌入中国，咖啡消费者大量增加的同时，什么蓝山咖啡、爱尔兰咖啡、比利时皇家咖啡，以及哥伦比亚咖啡豆、厄瓜多尔咖啡豆、印尼咖啡豆、夏威夷咖啡豆等世界有名的咖啡产地也渐渐被国人所熟识，个人煮咖啡技术不断上升，咖啡族正在急速扩大，咖啡馆在我国也已不是雨后春笋而是燎原大火了。

相较日本，我们的咖啡倒渐有成道之势。现如今，国人不仅是卡布奇诺、拿铁喝得上口，爱尔兰酒精咖啡、比利时皇家咖啡的亲自操作也是娴熟自如。这样发展下去，咱没准最终弄出个

"咖啡道"来也未可知。如此看来，在咖啡上，与日本相比，倒是大有西风压倒东风之势，谁让咱有闲人研究这玩意儿呢。

中国人和日本人的吃相

中华民族自古对吃相就很重视，所谓的"割不正不食""席不正不食"都是古人桌上用餐的规矩。《礼记》中还有"毋啮骨"的训诫，就是因为"啮骨"的"啮相"实在不敢恭维，还让人容易联想到桌上人吃骨、桌下狗啃骨的虽亲切但却极不文雅的风景之故。而"用筷十二戒"，说穿了实际上就是规范人的吃相。具体一点说，记得小时候，习惯以手支桌吃饭，每每这时候，就会被母亲"啪"的一声把胳膊打开，以正吃相；吃饭时"吧嗒嘴"，又会被母亲断喝一声吓阻，理由是"吧嗒嘴"是吃出了"猪相"；夹菜时，一路搅拌夹到对方地界，也会被母亲"啪"的一声拍住筷子，训曰："你用不用搬架梯子吃呀！"凡此种种，总记得吃饭的规矩甚多，而不争气如我者，却依然是打灯笼照旧，恶习难改。

诸位有所不知，本人吃相已绝不仅仅是形象欠佳的问题，而是早已修炼到了让人不忍目睹的高深层次。比如吃饭佝偻着腰；不时以"舞筷"巡视四方；袖口还要沾上"粒粒皆辛苦"的饭粒；碗里碗外桌上桌下，只要是有汤汁的料理，就一定会把它"料理"成"山涧的小雨，淅沥沥沥沥、淅淅沥沥地淋个不停"。最拿手的是吃鱼，因打小就没吃过几条鱼，吃鱼的"口活儿"自然不佳，因此，每每遇到吃鱼，那必是嘴里一阵忙活，然后吐出一堆鱼肉馅般的白肉，而鱼刺则留在口中，与据说能吐出一副完整鱼骨架的吃鱼达人相比，咱能把鱼肉全部吐出，留鱼刺于口内，不知算也不算"绝活"。就这吃相，自己都服自己了。不过，虽然个人算是吃相不雅的代表，属于个例，但不得不承认的是，我们老祖宗总结传承下来的餐桌上的规矩、礼仪，在今时，除了在吃饭时教育孩子要注意的事项外，其他的，尤其是男性大人们，遵守的实在是不多，更多地是在餐桌上以随意、适意为主的宽松吃相。

想说说吃相，是因为在日本每天看多了介绍美食的电视节目和时不时来一次的"大胃王"比赛，也就对日本人的吃相感了兴

趣。虽然对美食电视节目里的嘉宾们在"试食"过程中所表现出
来的那种"生在地球真是太幸福了"的夸张表情和语言不太喜
欢，但他们那种腰直姿正，用手接着筷子夹的食物慢慢送到嘴
里、不露齿的细嚼慢咽的优雅吃相，还是让人看了感觉惬意。记
得有个"笑星"好像是叫石塚英彦，长得黑不溜秋五大三粗，给
人的感觉就是此君"进膳"时一定是副贪得无厌的饕餮相，事实

手捏寿司

却不然，他以一双胖乎乎的灵巧异常之手，中规中矩香甜无比的吃相以及吃完后眯起小眼美美的一句"妈哟"（好吃），成为美食节目不可或缺的主持嘉宾。还有一位"大胃王"叫曾根的女孩儿，不仅能吃，而吃起东西来那份安详，那份不疾不徐但却总会干干净净吃完最后一粒米的从容、文雅吃相，堪称完美。以吃扬名并成为各电视台的红人，曾根的大胃吃相绝非浪得虚名。

与过去不同，近来的日本人在家里进食已经不像过去那样严格而是比较随意了，但以"外人"之眼看来，还是觉得与我们大有不同。比如虽然在家里，但在桌上也要坐姿端正、规规矩矩、少言无声等，每个人都用自己的专用碗筷默默而又虔诚的"顶戴"（领受）上天恩赐的吃相，就足可以憋死我辈；在公司饭堂吃饭，日本人同僚之间，男人还罢了，女人们用餐，表面看起来似乎很随意，但细观察，就可以看出她们随意中的不随意来，虽然好像专注于自己的饭菜，但从举箸、夹菜到把饭菜送入嘴里，一连串的动作和有意无意间飘向周围的眼神无不都在告诉我们，她们实际上时时在意着周围人的注意，生怕一点些小的举止失措，就会成为别人的笑柄，从而被人视为不够淑女。其实，这些都是形成于平安时代的日本《食礼》和完善于近世京都信农小笠原家的《武家礼式》惹的祸，正是这些餐桌礼仪所规定的从筷子的拿、放开始到食礼、顺序、等食事中的各种规矩，尤其是不能给别人带来不快感的"五感"（即视觉、嗅觉、听觉、味觉和触觉）规矩的形成，才让日本人修炼出了循规蹈矩的各种文雅吃相。不过，看日本人吃饭时那种默默地细细咀嚼的样子，看着看着，觉得甚至可媲美"牛嚼草"的劲儿。日本人吃饭这活儿，还真就看着挺累。

日本人吃饭，一般很忌讳"吧嗒吧嗒"的咀嚼声，或者干脆可以说，日本人进食时忌讳发出任何声响的。不过，日本拉面馆则不然，走进拉面馆，那一片"呼噜呼噜""哧溜哧溜"之声是不绝于耳，放声而食的热火朝天的场面，一迷糊，还以为自己回到了祖国呢。据说，日本人在拉面店搞"吃声"竞赛，那时因为日本有一传统说法，认为放声吃面是对厨师的最高褒奖，声音越大，证明厨师的厨技越高超。不过对此种说法，本人倒是不以为然，如果这种说法成立的话，那么，进食和食都似可以放声咀嚼了，褒奖厨师人人有责嘛。想想，日本人吃顿饭，我们吃顿日本饭，都挺累。与咱们那呼呼噜噜一大筷子面条下肚，然后"咔嚓"一口大葱蘸大酱的"人生贵适意"的吃法相比，简直不可同日而语。不过，说来说去，吃相文雅，毕竟是一件赏心悦目的事，日本人进食贵文雅，而国人用膳讲适意，两相将就，弄个"适意的文雅"之吃相出来，中日应该就皆大欢喜了。

日本人口中的中华料理

谈这个问题首先要知道在日本都有什么中华料理。我们知道，在日本最早的形成规模的中华料理应该是横滨中华街的广东系料理和长崎中华街的福建系料理，接下来还有台湾系中华料理以及随着战后日本从中国东北撤退回国带回来的东北中华料理等，至于四川料理和上海料理则基本上是后话了。

中华料理在日本发展到今天，虽然貌似菜系很多菜品繁盛，但日本人常吃的却并不是很多，也就是常见的麻婆豆腐、青椒肉丝、咕咾肉、回锅肉、炒饭、担担面、煎饺、天津饭、中华丼、小笼包、烧卖等，再高大上一点的还有如干烧虾仁、北京烤鸭之类，仅此而已。

"酢豚"就是咕咾肉

　　以我旅日三十年的经验来看，说到中华料理在日本的境遇，应该说更多的是被日本人改造过并且还发扬光大了，甚至有些已经发扬到老祖宗都认不出、光大到面目全非的地步。还有一些则是他们自己创造出来的，至于误解的虽也有，但却谈不上很多，下面就分别做一下介绍。

　　日本人改造的中华料理应该说是最多的，比如麻婆豆腐这道又麻又辣的川菜在日本充其量只剩下了微辣，就这样在我们眼里嘴里已经可以说是完全无麻无辣的"伪"麻婆豆腐还经常看见日本人被辣得"嘶嘶"的直灌冰水。再比如担担面，这道本来是和我们北方人常吃的炸酱面类似的四川拌面，结果被日本人硬是弄成辣味芝麻汤面，不过说心里话，这碗面改造得真心不错。此外，像青椒肉丝、干烧虾仁这些变味了的改造版中华料理也都是日本人的大爱。改造并不仅限于味道，日本人连中华料理的名字也改的，比如"酢豚"，其实就是我们的咕咾肉，而所谓的"麻婆茄子"咋听让我们有点找不着北，原来它就是由"鱼香茄子"偷来"麻婆豆腐"的"麻婆"改造成的"鱼香茄子风"麻婆茄子。

最有趣的当数日本人创造出来的中华料理了。比如中华丼，日本人也称它为"八宝饭""中华饭""五目饭"等，基本做法就是把白菜、竹笋片、木耳、猪肉、鸡肉、虾等炒后上汤勾芡，然后浇盖在白米饭上，最后顶上再加一颗鹌鹑蛋就齐活了。这道菜在国内很难找到原型，充其量和我们家常的什锦烩饭或海鲜烩饭相似，但日本人说中华丼的做法完全是日本人的独创，还生怕被人拔了头筹般强调这碗盖浇饭是发源于日本的，日本

人也确实喜欢它，几乎所有的中华料理店和公司食堂都有这碗
饭卖。

　　若说日本人创造的最奇葩的中华料理就数中国没有的"天
津饭"了。日本也称它为"天津丼"，具体做法很简单，普通的
天津饭就是把豌豆和切成小块状的圆葱之类的蔬菜与鸡蛋一起
制成鸡蛋饼状，然后包进米饭，上面勾芡做成蛋包饭样子就可
以了。豪华点的天津丼上面勾芡的汤里还会放几个虾仁蘑菇点
缀。之所以用了"天津"二字，据说是与当年许多中国货都是
由天津港输入日本有关，就像日本到处都卖的"天津栗子"，那
栗子也不是天津的，只不过是由天津港出口到日本而已。我在
日本有一位天津朋友，曾听他说过，刚来日本第一次看到"天
津饭"时，直接懵圈了：我这一正宗的天津人，竟是在日本吃
到了连天津都从来没有过的"天津饭"，这到底哪儿是天津呀！
听上去天津朋友的感慨中貌似也透着些许无奈和佩服，毕竟自
己也得吃！

　　至于误解的中华料理也蛮有意思，比如日本人喜欢的回锅
肉，看了超市卖的制作回锅肉的原材料上附有的做法说明我就
想笑。是这样写的：先把大头菜等下锅炒过后捞出，再单炒五

花肉，然后再放入先前炒过的大头菜等。先不说我们川菜里很重要的下饭菜回锅肉里根本不会放大头菜这件事，日本人制作这道菜的方法也是南辕北辙。一般来说，做回锅肉首先要把大块五花肉下锅煮熟，然后捞出切片，再重新起油锅煸炒肉片，接着再顺次放入豆瓣酱、青椒红椒、蒜苗等，最后加进糖、鸡精等调味料就可以出锅了。从做法可以看出，回锅肉的"回"指的是把肉回锅，而不是把本来不该有的大头菜先回锅再加肉炒。整个整反了，味道也就可想而知，所以，日本人的回锅肉严格说来那是没资格称作回锅肉的，因为它就是大头菜炒猪肉片子。

还有北京烤鸭，我们吃正宗烤鸭起码是要三吃的，即吃皮、吃肉、喝汤，可在日本只有一吃，即吃烤鸭皮，肉和汤，这个真没有。估计是日本人继承了广式料理的烤乳猪的第一吃首先吃乳猪脆皮的吃法吧。所以来日本旅游，如果想吃北京烤鸭了，劝您还是忍住馋欲等回国再大快朵颐为上，花费不菲，却只能吃到一盘数片鸭皮而已。

所以，以我的经验来看，与其说中华料理在日本存在误解，不如说中华料理在日本处于被改造、被创造、被误解的这样一种共存的状态。当然了，随着来日国人的不断增多，中华料理在日本又多出了一种存在形式，那就是原汁原味的中国菜，比如东京池袋的专门的麻辣烫店、烤羊腿店、东北料理、上海小馆、福建小吃等，因为它们一般不以日本人为主要客人，因此还能保留着真正的本土料理特色。所以，确切地说，应该是这些在日本存在的所有的中华料理菜系相叠加，才是中华料理在日本的最真实的状态。